SCIENCE

鴿子為什麼要邊走邊搖頭？

ハトはなぜ首を振って歩くのか

藤田祐樹 著
張資敏 譯

晨星出版

前言　在鴿子搖頭前

我在研究鳥類的步行。每次這樣一說，就會有很多人露出不可思議的表情，問：「不是研究飛行，是研究步行？」確實，鳥自由自在地在空中飛行，是牠們最重要的特徵。但是，如果仔細觀察牠們的生活，就可以發現多數的鳥其實在空中飛的時間未必都很長。雖然也有像燕子這種無時無刻都看到牠在飛的鳥，但像鴿子或麻雀這些鳥類，其實看到牠們在地上走的樣子還比較多。對牠們來說，在地上走跟在空中飛是一樣重要的。

雖說對鳥而言走路很重要，但研究這個的目標到底是什麼呢？最終目標其實並不清楚。我想，一般應該都是這樣想的吧！確實，就算研究了鳥的走路方式，既不能讓生活變得更豐富，也不能幫助困擾的人。但是，如果能被說：「調查看看應該會很有趣吧？」像這樣被認可有研究價值的話，鳥的步行研究就可以說是相當有意義了。所以，鴿子邊搖頭邊走路的理由，說是鳥的步行研究中最重要的課題也不爲過。

如果觀察鴿子走路的樣子，就會發現牠們無論何時何地都一邊點頭點個不停，一邊走路，似乎也有很多人相當在意這背後的原因。我因為研究鴿子的點頭行為，所以經常被電視或報紙、雜誌採訪。鴿子點頭走路的姿態，對喜歡鴿子的人來說是很可愛可親的，而討厭的人會覺得很好動而有點愚蠢。無論是哪種立場，我都遇過很多人想要知道「為什麼牠們會以那種樣子不停點頭呢？」這個問題的答案。調查許多人想知道的事，這也是科學所扮演的重要角色。即使不講得那麼誇張，想調查自己好奇的事情，也是非常自然的事。

因為這樣的理由，本書的中心主題就是鴿子的點頭行為。但是為了知道擺頭的理由，首先得先理解跟鳥走路有關的整體知識，這樣會有趣很多。所以，本書就從「動物的動作是怎麼回事？」這樣的基本內容開始介紹。

目次——鴿子為什麼要邊走邊搖頭？

封面插圖。內文插畫（圖19、33）IZUMORI・YOU

1 生即是動

人們之所以會在意鴿子為什麼要點頭，其中一個理由，就是因為覺得這是沒意義的動作吧！「好像不用那樣搖頭擺尾也可以走路啊！」所以才感覺是無意義的行為吧！

仔細想想，我們這些動物一直都在活動身體。無論是走路移動，還是動口進食，或是用手搔頭，有像這類只使用身體一部分的動作。而相對地，植物幾乎不會動。雖說正因為會動，所以叫「動物」，但世上也有不動的生物，那為什麼我們要動呢？

什麼是「動」？

要讓身體動作的話，身體就會感覺到累。走很長距離腳就會痠、一直咬很硬的東西下巴會累。所以要是可以不動的話，不動好像比較好。但是，那當然就活不下去了。

如果我們每一個人都停止動作而死掉的話，會發生什麼事呢？要是到處都屍橫遍野，早晚人這種動物會從地球上消失吧！也就是說：「人類滅絕了。」反過來說，我們正因爲會動，才得以沒有滅絕而繼續生存下去。

即使這樣說，所有活著的生物，都終有一天會死亡。雖然悲傷，但唯有此事無法避免。那麼，在死亡來臨的某天前努力活著就好了吧？那個某天，指的正是「留下後代」前。

動物爲了讓種族存續下去，一定得留下後代。如果是魚或青蛙，只要產下卵就結束了，但是鳥必須照顧雛鳥，直到牠們離巢自立才可以。我們人類，可能要等到小孩自立結婚後才能安心吧！在那之前，不管如何都得努力工作才行，有這種想法的人應該很多吧。因爲要在小孩能獨當一面之前努力活下去，人類這個種族才能存續了幾萬年，至今仍繼續繁榮發展。

為了不死亡而活動

那麼，個體爲了不死，又該怎麼做才好呢？

首先，每天的進食是很重要的。植物可以透過地底的根來吸收水分跟養分，透過日光來製造營養。我們這些動物是透過進食來攝取營養。要是一直待在原地覓食，周圍的食物很快就會吃光的吧！所以，接下來就得移動到有食物的地方。爲了找尋食物而移動，如果是肉食動物的話，就得捕捉獵物；在確保有糧食後，接下來就得進食——爲了移動得讓腳可以動，爲了吃則必須讓嘴巴可以動。只是爲了進食，就得進行各種運動。

爲了生存不只是吃，不被吃也同等重要。爲了避免被捕食，必須從掠食者身邊逃走，或是躲起來，甚至乾脆遠離危險，有很多不同的方法。其中特別需要激烈運動的就是逃走，許多草食性哺乳類可以用高速奔馳很長的距離，一般認爲這是爲了從獅子或獵豹等掠食者身邊逃走而具有的能力。至於像蝴蝶那樣輕飄飄不規則的飛行方式，鳥類因此難以預測蝴蝶的動作，讓捕食變得相當困難。

一般來說，比起高速奔跑，用一般速度奔跑在每移動一段距離，其在能量的使用上更有效率；比起像蝴蝶那樣隨機改變方向亂飛，直線飛的效率也比較好。儘管如此，會演化出高速跑步或不規則飛行等能力，代表以逃跑來說，高速或逃跑方法比高效率來得重要。

這也是當然的。遇到攸關性命的事時，可不能說「唉呀，用高速跑很累呀……」之類的話。雖然住在地球上治安相當良好的日本，可能會無法意識到這件事——但是避開危險、遠離危險是眞的很重要。

為了留下後代而動

可以進食及不被吃掉以後，下一步就來生產、教育小孩吧！大部分脊椎動物都有雌雄之分，只有兩性相遇後才能生下小孩，而雄性、雌性爲了相遇，或多或少都必須移動。等到相遇後，也必須爲了吸引彼此而需要做出各種動作。

用人類來想像有點害羞，所以我們用鴿子來舉例吧！在公園裡看著鴿群啄餌的樣子，有時會發現有鴿子做出奇妙的動作。牠們會把脖子上下擺動，然後鼓起喉嚨、挺起胸膛，展開尾羽並摩擦地面。這樣一看，就像是在糾纏其他個體一樣，雄性會在雌性的周圍走動來求愛（圖1）。

像這樣透過求愛動作來魅惑雌性，才有辦法進行交尾並有留下後代的可能性。雄性會拚命地鼓起喉嚨，踏著華麗的步伐來接近雌性。以雌性的立場來說，要是被不喜歡的雄性求愛也只會覺得困擾而已。可能會想著「什麼華麗步伐啊，磨磨蹭蹭的！」也說不定。如此一來，雌性就會從雄性身邊逃走，而看到這個結局後，就有種鬱悶的感覺。

「要是放棄的話，比賽就結束了。」正如某位有名的籃球教練所說，要是放任雌性逃走，那就會失去留下後代的可能性了。而爲了不讓這種事發生，雄性就需要追上雌性，拚命地把喉嚨鼓大，再跳出更華麗的步伐。雌性似乎覺得很困擾而逃走的話，雄性就會再度追上。而我邊看邊覺得眞是令人鬱悶呀！雄性再次繞著雌性打轉，大大展開的尾羽會優雅地摩擦地面，頭也配合步伐上下擺動，跳出一支很棒的舞。但是雌性還是沒能接受，不知道是不是覺得「好纏人啊你」這次飛著逃走了。雄性雖然再次飛著追上，但我又開始覺得悶悶不樂……。

圖1 野鴿的求愛行為。左為雄性，右為雌性。求愛會持續數分鐘，這次最後因為雌性飛走而結束。

求愛是很辛苦的事。這樣一看，求愛是由一連串各式各樣的運動來反覆進行，也有會跳

圖 2　黑腳信天翁的舞蹈。兩隻互相摩擦脖子，動作互相配合時機，逐漸加速，形成相當複雜的舞。

更複雜的舞的鳥，也就是短尾信天翁的夥伴之一的黑腳信天翁。牠們會將脖子上下左右擺動，喙也不停開闔發出叫聲，時快時慢地用各式各樣的動作來構成很棒的舞蹈（圖2）。

若是慶幸地雄性和雌性情投意合，就會交尾並產卵，這之後便需要做育兒的準備。鳥類在生小孩前會需要相當多的食物，爲了築巢也需要找材料。而爲了將蒐集來的材料組合成巢，也需要勞動身體。

要是一一細數運動的每種目的就會沒完沒了，所以我們在此簡單總結，無論是爲了吃或是不被吃，還是爲了雌雄結合並生育後代，總之，活著就必須動。

運動所需的構造

無論做什麼事都需要活動身體，所以我們動物的身體中有許多運動的機制。所謂運動的機制，就是將能量轉換爲運動的方法。以汽車來比喻，將燃燒汽油後產生的能量轉換爲旋轉運動的「引擎」，是汽車行駛時不可或缺的動力。當然，將引擎產生的旋轉動力傳達到輪胎的齒輪跟傳動軸也很重要，提供引擎燃料的機制也是必要的設計。所以集合各個零件，就會形成一個系統，讓汽車可以動起來。

換作鴿子跟我們人類，骨頭跟肌肉是讓身體動作的基本，骨頭支撐整個身體，而骨頭會因肌肉的收縮力被拉扯而動作。爲了讓肌肉動作所需要的能量，則是由血液來運送。肌肉運動後的結果會產生二氧化碳及廢物，再度由血液送往肺、肝臟、腎臟，然後排出體外。而讓肌肉收縮的指令，是由神經系統來負責的。

像這樣複雜的構造，沒辦法簡單地一一加以說明，但大致上就是靠著這樣的機制，我們才得以活動。

肌肉跟骨骼讓身體動作

我們的肌肉骨骼系統，眞的很棒。

肌肉可以做出的動作，實際上非常簡單，只是沿著一個方向收縮。肌肉是由肌細胞（肌纖維）這種細長細胞聚集在一起。肌細胞可以沿著長軸方向收縮，但一旦收縮後，在透過其他肌肉施力拉扯開之前沒辦法再次收縮。所以由肌細胞組

圖 3 日本絨螯蟹的骨骼標本。甲殼類是外骨骼，所以就算只剩下骨頭也幾乎跟生前一樣。

合成束、進而形成的肌肉也只是由細長的肌細胞沿著排列方向收縮而已。這樣只能進行單純動作的肌肉，要是跟骨骼組合在一起，就能產生多樣化的動作。

順帶一提，我們的骨骼雖然是骨頭，但骨頭跟骨骼不是同義詞。「骨頭」是由鈣鹽（Calcium salt）和膠原蛋白等纖維蛋白爲主的組織。而「骨骼」是不論材料爲何，指的是能發揮骨骼功能的構造。換言之，骨頭是我們人類等脊椎動物的骨骼材料，脊椎動物使用骨頭這種材料來形成骨骼，而昆蟲或甲殼類通常都是由名爲幾丁質的蛋白質爲材料來形成骨骼。如果是脊椎動物，骨頭會在內側所以稱爲內骨骼，昆蟲等骨骼是在外側所以稱爲外骨骼。（圖3）

無論材料是骨頭或蛋白質，只有擁有堅硬的骨骼，肌肉單純的收縮才能轉換爲豐富的動作。無論是怎樣的動物，只有這樣的裝置才能活動身體。

動物的移動方式及進化

動物會使用肌肉骨骼系統來進行各種運動，有時則是只動身體的一部分，有時是移動整個身體，讓自己移往其他地方的情況。理所當然的是，動物將自己整個身體移動到其他地方，會比只有動一部分身體需要更多的能量。所以移動時會特別需要注重效率。

動物們在進化過程中獲得各種生活型態，以及適合該生活型態的移動方法。只要看看動物們的走路方式，就能理解這個進化過程。

像山椒魚等兩棲類動物，以及蜥蜴、壁虎等爬蟲類，都是從軀幹伸出四肢來撐起身體，並扭動身軀，一一藉著四肢的支點往前方移動（圖4）。扭動軀體的運動跟魚在游泳時的軀幹動作很類似。兩棲類和爬蟲類是脊椎動物進化過程中最初上陸的動物們，本來就擁有類似魚那樣扭動身軀的身體構造，要善用這種構造在陸地上運動，就演化出了這樣的走路方式吧！

後來兩棲類中有一部分軀幹變短、後肢也變得發達，那就是蛙類（圖5）。長長的後肢可以產生強大的跳躍力。說到彈跳，身體要是扭來扭去的穩定性就不

圖 4　壁虎的步行姿勢。隨著步伐，脊骨（白線）會左右大大彎曲。

圖 5　青蛙的骨骼標本。長腳可以進行強力跳躍，短短的軀幹則讓跳躍時可以保持身軀穩定。

好，要是身體變短，就不會扭來扭去了。因爲獲得了短身軀跟長後肢，使得蛙類可以進行大幅度跳躍。

一部分的爬蟲類（恐龍類）和哺乳類的四肢又更加發達，可以進行多樣化的運動，牠們的四肢不只是變長，還跟兩棲類或蜥蜴等爬蟲類不一樣，四肢不是生長在身體兩側，而是下方。往下生長的四肢可以高高舉起軀幹，只要前後擺動四肢就能移動了。

比起移動整個身體，只有四肢動作的效率會比較好。另外，軀幹如果可以不

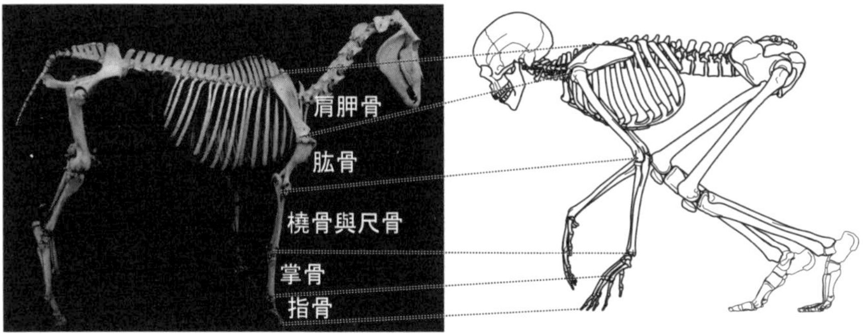

圖6　馬（左）和人（右）的骨骼，馬的掌骨跟肱骨差不多是同樣長度，人的骨骼圖為臼田隆行作畫。

激烈動作，身體就可以比較安定，而且更容易控制。結果就能實現高速運動。另外，像鹿或是馬等擅長跑步的動物，牠們的四肢，特別是末端部分會很長（圖6）。腳變長的話，跨一步的距離也就會變長，可以跑得比較快。

本來哺乳類也不是軀幹就保持不動，而是軀幹跟四肢經常一起協調地動作，但是方向跟魚或蜥蜴的橫向運動不同，是身體往腹背方向彎曲再伸直，像是爲人熟知的貓科動物跑步時的動作。例如，獵豹跑步時，身體會大大彎曲再伸直，用全身力氣來有力地跳躍並讓步伐加大，創造出陸地上最快生物才有的跑步速度。（圖7）

所有哺乳類雖有程度差別，但似乎都有像這樣身體往腹部方向屈伸的動作。前面所述的

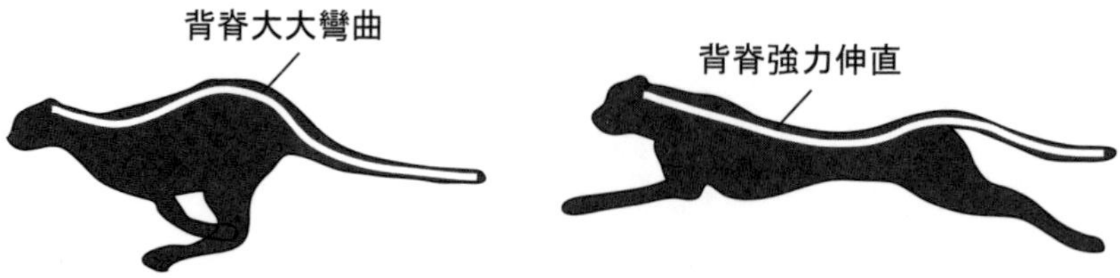

圖 7　跑步中的獵豹。跑步時脊骨（白線）會往腹背方向大大彎曲再伸直，讓每一步的步伐距離變長。

馬跟鹿等動物，雖然看起來軀幹動作沒這麼大，但脊骨還是會反覆進行彎曲再伸直的動作。只是活動程度比貓科動物少得多了。

稍微離題一下，從陸地再度回到水中的哺乳類也不例外，海豹或海狗、鯨魚等動物，游泳時的脊椎也是往腹背方向屈伸的。魚類一般是身體往兩側扭動來游泳，所以我們可以說水棲哺乳類的身體往腹背方向屈伸，是因爲從腳配置在軀幹下方的哺乳類演化而來，可以說只有水棲哺乳類才有這樣的特性吧！

＊

接下來，我們人類不是使用四肢，是用四肢的其中兩隻來移動，也就是雙足步行。不只是人類使用雙足步行，鳥兒們也是。

雙足步行跟四足運動的條件差很多。兩隻腳比四隻腳的平衡還要難很多，也沒辦法靠軀幹的彎曲伸直讓步距變大，所以，該怎麼取得平衡、該怎麼讓腳動作才能走得更大步，就變得很重要。在我們討論鴿子脖子前後擺動之謎以前，下一章我們先就鳥類和人類共同的雙足步行，仔細地討論一下吧。

註：本書指稱髖關節以下的全體（或是大半）時會用「腳」，而指稱腳踝以下的情況會用「足」，但是雙足步行跟四肢這類已經是固定用語的名詞，會以原先用語為主。

2 人走路，鳥走路

鳥與人的雙足步行

雖然許多陸上脊椎動物都用四隻腳移動，但鳥跟我們人類是雙足步行。即使已滅絕的部分恐龍也是用雙足步行，但現存的動物中沒有其他雙足步行的動物，勉強說來袋鼠類可以算是用兩隻後腿跳躍，但是牠們不趕路的時候還是用四隻腳移動。猴子和蜥蜴類有些種類偶爾會只用後腳走路或跑步，但平常就用雙足步行的動物只有鳥跟人類而已。

就算同樣是雙足步行，鳥跟人的姿勢也差很多（圖8），我們是髖關節跟膝蓋伸得直直的站起來，而鳥則是髖關節和膝蓋都呈現彎曲的狀態。我們要是模仿鳥的姿勢，只用腳尖站著、膝蓋彎曲，會變成屁股往後突出的姿勢，非常難看。

姿勢有這麼大的不同，身體的運動方式也會有很大差異。

如果說我們人類以髖關節爲中心，大幅移動整隻腳來走路，鳥兒們就是大幅移動膝蓋以下。這個差別是因爲姿勢不同，所以身體重心不同。我們直立起來後，身體重心大概位在腰部左右，所以以腰爲中心移動腳會比較容易平衡。另一方面，鳥類的身體構造爲了活動翅膀，強大的胸肌佔了很大部分的重量，所以身體重心也因此在胸部左右的位置。如此一來，整隻鳥的重心就會接近膝蓋，以膝蓋爲主移動，會比較容易取得平衡。

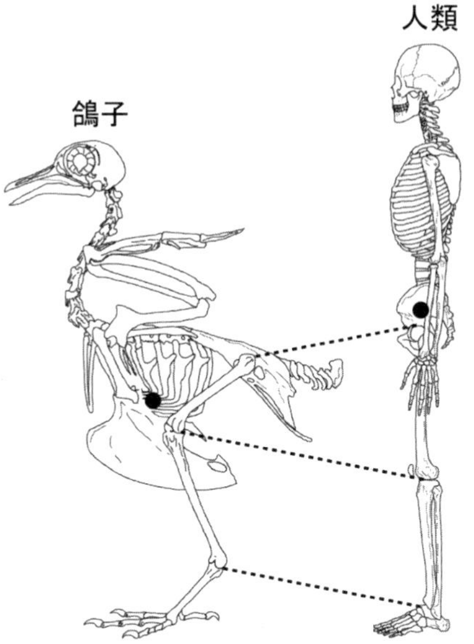

圖 8　鴿子（左）和人類（右）的骨骼圖。同樣把關節連成線，就會發現鴿子的膝蓋彎曲、用腳尖站著，黑色圓點示意的是重心，人的重心接近髖關節，鴿子接近膝關節。

另外，如果我們看看被視爲鳥類祖先的恐龍的姿勢，復原恐龍的骨骼後會發現是讓身體側躺（脊骨往水平方向延伸），膝蓋輕輕彎曲的姿勢。這個姿勢比起人更接近鳥，但恐龍還是跟鳥不同，似乎是以髖關節為中心移動整隻腳來走路。鳥跟恐龍姿勢相近，但為什麼走路方式不同呢？這是因為身體重心的位置不同。恐龍沒有像鳥那樣強大的胸肌，但相對地有長了很多肌肉的長尾巴。因此恐龍身體重心的位置，比鳥還要更接近尾巴，剛好在髖關節的附近。因此人們一般認為，即使恐龍身體打橫、彎曲膝蓋，依舊是透過大大活動髖關節來走路。

像這樣用兩隻腳走路的情況，身體構造、姿勢、還有重心位置是決定身體活動方式的重要關鍵。

走路及跑步

我們原本就不是只會走路，我們也會跑步，兩種都是雙腳交替向前邁進，但速度有很大不同。雖然大家可能覺得理所當然，但跑步比走路還要快很多。

那麼走路速度漸漸加快後，會怎麼樣呢？一方面可以持續快走直到速度極限，另一方面也可以直接跑起來。這樣想想，「走路」跟「跑步」不只是單純地漸漸加快速度，當我們想要切換時，也能直接切換這兩種運動。跟非常緩慢的跑步相比，很快的快走速度反而比較快，這種事也是有可能的。

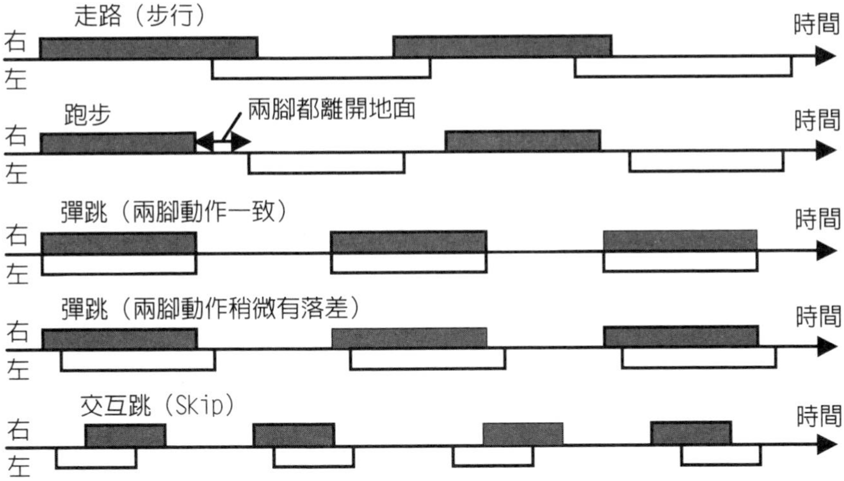

圖 9　這個模式圖畫出了雙足經常有的步行模式。白色是左腳，灰色是右腳，畫出了腳在地面上的時間。走路或跑步是兩腳交互著地，彈跳（Hopping）幾乎是同時著地。

那麼到底要怎麼區別「跑步」跟「走路」呢？舉例來說，在競走這樣的競技中，有一條知名的規則是不能雙腳同時離開地面。競走就是非常快的走路，而「雙腳不能同時離開地面」就是人類步行的重要特徵。（圖9）

從能量轉換來看走路跟跑步

我們大概沒有特別去意識，但還是會用所需的速度來區分使用「走路」跟「跑步」。速度慢就用走的，速度快就用跑的。但是速度很微妙時，到底要快走還是慢跑，兩種大概都很累吧。要是疲累就表

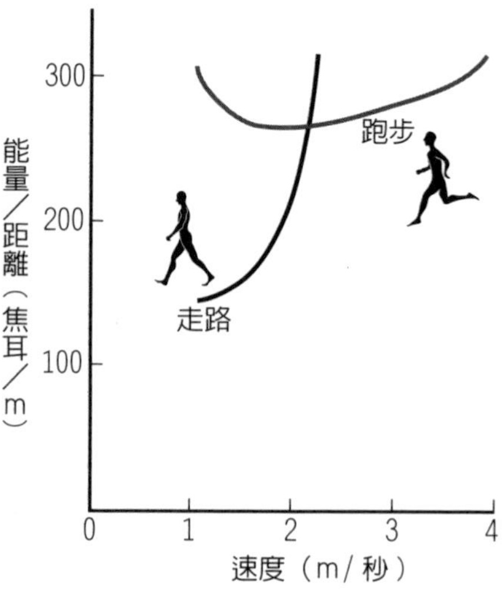

圖 10　人類的步行跟跑步依據各自的速度，能量消費量也會有所變化。

示能量效率不好，這就是走路跟跑步的另一個差別。

要是在跑步機上加快速度走路或跑步，用各種速度來推測能量消耗，就可以畫出圖10。縱軸是能量效率（每單位距離所消耗的能量），越小效率越好。

走路在秒速1．1m左右時（約4km／時）開始，速度再往上增加，能量轉換效率就會變差。另一方面，跑步在秒速1．7m左右（約6．1km／時）最有效率，速度更快或更慢的能量轉換效率都會變差。可以得知「比秒速1．7m慢，能量轉換效率也會變差」這件事很重要。

因此，從走路開始逐漸加快速度，如果超過秒速2．2～2．5m（時速8～9km），圖表上會跟跑步的線交叉。跑步的線會逐漸往下，因爲線愈來愈靠近圖表下方代表更有效率，所以我們可以知道比秒速2．2～2．5m慢時走路較有效

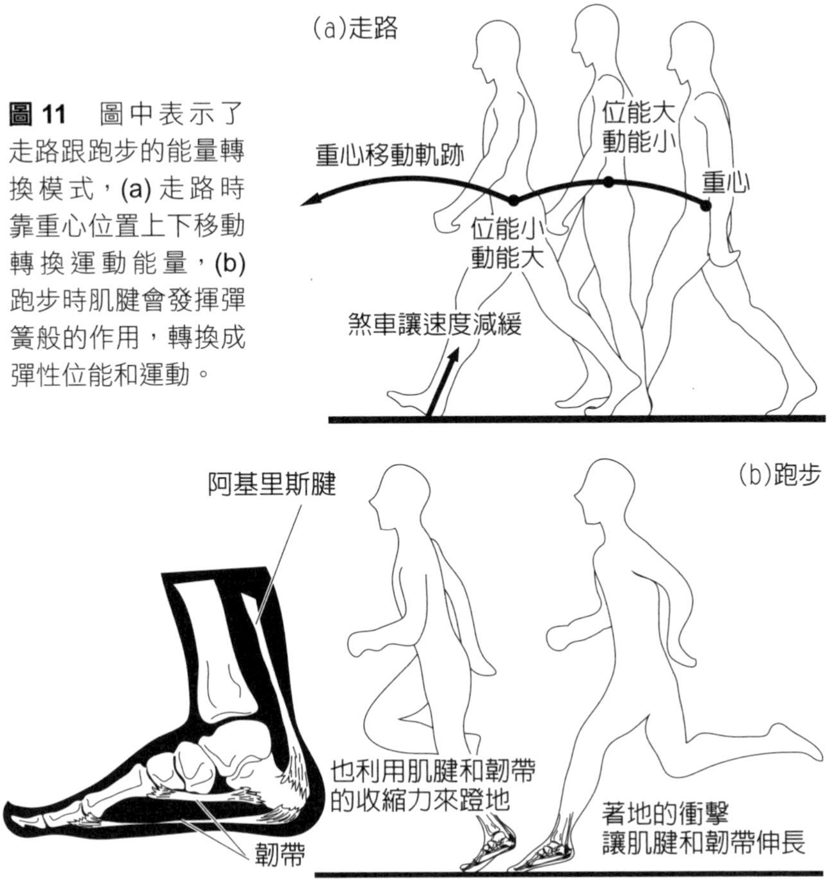

圖 11 圖中表示了走路跟跑步的能量轉換模式，(a) 走路時靠重心位置上下移動轉換運動能量，(b) 跑步時肌腱會發揮彈簧般的作用，轉換成彈性位能和運動。

率，而速度快時跑步更有效率。

我們趕路時，不會一直保持快走，而會開始跑步，就是因爲能源轉換效率的關係。

本來走路跟跑步的身體運動方式就不一樣。走路要說的話是像上下顚倒的鐘擺那樣，有效利用動能跟位能轉換來運動。另一方面跑步是把動能跟彈性位能進行轉換的運動（圖11）。

走路時，腳跟著地的衝擊會扮演煞車的角色讓速度減弱，減弱的動能的一部分會用來讓身體重心變高，下一步踏出時變高的重心會落下，而位能再度轉換成前進的力量。所謂走路就是把動能跟位能進行轉換，就是這個意思。

跑步的狀態則是當著地的腳踝關節彎曲時，連接腳跟的阿基里斯腱或腳底的韌帶會像橡膠那樣伸長，伸長的肌腱和韌帶接著又會收縮，而利用這個力量（彈性位能）可以蹬地拉長腳踝關節。因此，跑步可以說是動能跟彈性位能進行轉換的運動。

利用單腳跳或交互跳（Skip）移動不可以嗎？

話雖如此，但用兩腳移動的話，無論是走還是跑，也有交互跳、單腳跳這些模式才對。

交互跳是右、右、左、左、右、右、左、左這樣雙腳輪流落地，單腳跳是只有單腳跳幾下再交換，大家小時候都做過吧，變成大人後，我們就不會再用交互跳、單腳跳的方式走路了。

為什麼交互跳、單腳跳不會在日常中使用呢？可以試著再做看看交互跳、單腳跳就知道答案了。……因為很累。累就表示能量轉換效率不好。看來我們沒辦法只用一隻腳一直輸出穩定的推進力。能量轉換效率不好就是說，如果沒有什麼特別的好處，就不會去做它。要是選擇交互跳會有什麼好處嗎？可能會比走路快一些，但如果想要速度，那跑步還更快。換言之，交互跳或單腳跳幾乎沒有什麼好處。

這麼說來，小朋友意外地會選擇這樣跳動，為什麼小孩子要交互跳呢？筆者也讀過很認真討論的論文，文中提到，應該是因為會有著除了速度之外的疾走感，所以很開心。原來如此，交互跳確實是會有疾走感。

但是不知為何，快樂時就會萌生想要交互跳的念頭。快樂地一起小跳步的情侶們，難道是因為想要疾走感，所以才會交互跳嗎？還是這麼做就感到快樂？還是因為很快樂才想要交互跳呢？實在很難下結論。小孩們玩得忘我後就會忘記疲累，沉迷戀愛的年輕人也是這樣。像這樣在充滿活力的年紀時，一定是可以忽略疲勞來進行交互跳或單腳跳吧。

鳥類的「走路・跑步・彈跳」

跟我們一樣都是雙足步行的鳥類，走路方式有兩腳交互前進的步行，還有兩腳幾乎同時往前的彈跳。回想一下，碎步快走的鴿子跟兩腳一起跳步的麻雀，就可以理解了。鴿子是步行移動，而麻雀是用彈跳移動。

鳥跟我們一樣，平常雖然是用走的，但急的時候會跑起來的鳥也很多。我們可以經常在電視上看到在草原上奔跑的鴕鳥或鶆鷞，而要是在公園試著追趕鴿子，也可以看到牠先是快步努力逃走，接著很快就會跑起來，最後會飛走，但在那之前會是兩腳交互運動跑步。

鴿子和其他「走路」的鳥，都跟我們一樣，平常是走路，急的時候會跑起來。關於這點，我們人類跟鳥沒有什麼不同。證據是只要看看速度和步伐大小，也就是步幅長度之間的關係，就會發現人跟鳥有類似的傾向（圖12，但是這裡標示的鳥類都是經常在地上走動的鳥，其中兩種是平胸鳥類（Ratite）也就是鴯鶓和鴕鳥）圖上標示網狀圖案的部分，線的走向是不連續性的變化，無論是人或鳥，都是從「走路」過渡到「跑步」的轉換期。

如同前述，人類走路跟跑步的區別是兩腳是否同時離開地面，但鳥的情況更複雜些。因爲如果是速度比較慢的跑步，兩腳不會同時離開地面。可能有人會想問：「等一下，沒有兩腳離開地面，那算是跑步嗎？」這個問題學者也有想過，所以做過幾種研究。如本章所述，「走路」跟「跑步」有各種不同的運動效率、能量轉換跟腳的移動方式（也就是肌肉的運作模式）。於是發現了鳥類根據其特徵，有時可以滿足跑步條件，但兩腳卻也沒有同時離開地面，也就得出了「鳥可以不兩腳同時離開地面來跑步」的結論。

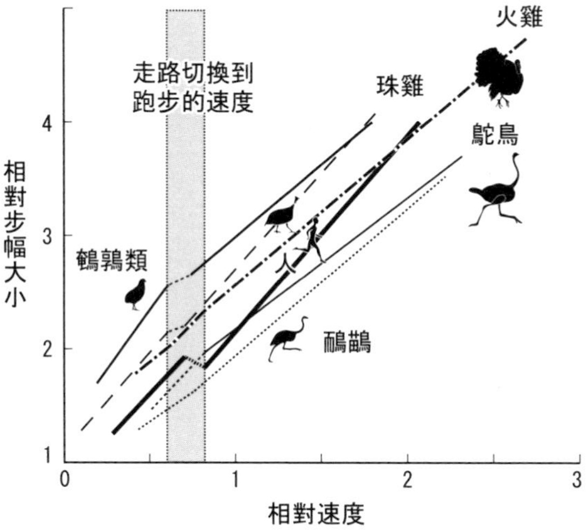

圖 12 鳥跟人類提升速度時，步幅（步伐大小）可以提升到多高的示意圖，步幅跟速度還有腳長都是相對的。有網狀圖案的部分線條會有所變化，可以知道在這範圍內從走路切換到跑步。

這樣的差別是因爲人跟鳥的姿勢不同，如前述，我們人類是直立姿勢，而鳥類們則是髖關節跟膝關節彎曲用腳尖站著。要是腳彎曲的話，強力蹬地到腳伸直之前，就會花上比較多的時間，而腳要是不伸直的話，就不會離開地面，所以明明是在跑步，但兩腳卻沒有同時離開地面。

腳趾細長

鳥和人類的腳的形狀有很大的不同。

鳥類的阿基里斯腱或韌帶比我們人類來得長，那是因爲腳的骨頭，特別是末端的部分很長。人類跟鳥的下半身，都是大腿跟小腿接近膝關節的部分肌肉較多，愈是末端部分的肌肉就會變成肌腱而變細。盯著自己的腳看看，大腿跟小腿肚附近有豐富的肌肉，但越是靠近腳踝的部分腳就會變細。鳥類的腳的話，想成接近腳踝或是腳背的部分很長就可以了。

腳的末端變長後，腳整體就會變長，而且前端也可以變得又細又輕。腳只要變長，步伐也會變大，跑起來也比較快。但是，長腳要是跟著變重，要移動就很辛苦了。雖然長腳很棒，但是卻不想要腳很重。所以解決辦法就是讓肌肉比較少且相對輕的末端部分變長。當然，腳還是會有點變重，但肌肉大多集中在大腿根部，所以整體上腳的重心還是在靠近身體的地方。如此一來，就算是長腳也可以擺動得很快了。

因爲腳尖變長了，阿基里斯腱也跟著變長，跑步的能量轉換就能更有效率。步幅加大、腳能動得更快、而且能量轉換更有效果，算起來淨是些好處。所以跑得快的動物們，都是腳的末端部分比較長。不只是平胸鳥類，像馬或鹿等哺乳類也是同樣在腳的末端部分比較長。

圖 13　鴕鳥跟鴯鶓的腳趾。鴕鳥（左）只有第三、第四趾，鴯鶓（右）有第二、三、四趾。左腳有標上各自的腳趾數字。

鴕鳥的足跟腳

而「平胸鳥類」，也有一些專屬於平胸鳥類的特徵。

平胸鳥類的代表動物就是鴕鳥跟鴯鶓了，看看牠們的趾尖（圖13），腳趾很短，數量不多。多數鳥的腳都是前面3根腳趾，後面1根腳趾。但鴕鳥是第3、4根腳趾（鳥的足，向後的腳趾算是第一趾，接著從內側開始是第2〜4趾），只有兩根，而且都是往前面長的。鴯鶓的腳有2、3、4趾共3根，但還是又粗又短，這個足形也潛藏了可以「跑步」的祕密。

首先，鳥足正面強大的第3趾會發揮推進力的重要作用。這跟我們人類的大姆指比較強大是類似的情況。鴕鳥跟鴯鶓的巨大身軀要高速跑動，需要強力蹬地，所以強大的第3趾就能派上用場。

那麼鳥足的第2趾或第4趾是做什麼用的呢？根據過去的研究，看來是為了保持左右方向平衡的樣子。「原來如此」——應該可以很直覺地接受吧！更有趣的是，內側的第2趾跟外側的第4趾相比，外側的第4趾更加重要，而且愈是高速奔跑時，第2、4趾的重要性會隨之下降。

像這樣考慮腳的特徵後，跟鴯鶓相比，應該可以認為鴕鳥的身體演化成能夠跑得更快的鳥。愈是適應高速跑步，愈不需要第2、4趾，把2、4趾放在一起比較的話，第4趾更重要，所以鴕鳥只剩下了第3、4趾兩根腳趾。這樣就說得通了。

涉禽的長腳

說到鳥類之中腳很長的物種，就不能不提到鶴、紅鸛或鷺等鳥類，雖然在生物學中各自屬於不同的分類，但牠們的腳都又細又長。

像這類的鳥一般稱爲涉禽，「涉」的意思是指步行渡河或是在水邊行走的意思，這類鳥大多趾尖浸入水中，一邊在水裡走動，一邊獵食水中的魚或甲殼類等小動物，所以被稱爲涉禽。

圖 14 在濕地裡站著的蒼鷺（左）和高蹺鴴群（右）

說是長腳，但牠們跟平胸鳥類不同，涉禽的長腳是爲了在水邊走路而演化，跟鴕鳥那種又粗又結實的腳相比，又瘦又長還很纖細，這差別應該一目瞭然吧！而看看牠們的腳掌，就能發現涉禽也有很長的腳趾（圖14）。紅鸛等鳥類的蹼也很發達。像這樣有著長長的腳趾跟蹼，就能分散體重，可以在濕地等泥濘中走路也不會下沉，如同穿著天然的鞋套一般。

當然，涉禽也能跑步，只是跟演化成可以高速跑步的平胸鳥類相比，涉禽演化成在水邊生活的型態，這也反映在長腳的細部特徵上。

奇異鳥（鷸鴕）的大步走

鳥類不只是腳的形狀不同，走路方式也有很多種。

像是有一種只棲息在紐西蘭，名爲奇異鳥（鷸鴕）的鳥。鷸鴕最廣義可分類在鴕鳥目鷸鴕科，現在還有六種存活，但每種都面臨滅絕的擔憂。鷸鴕的大小大概跟雞差不多，沒有飛行能力，由於是夜行性動物，所以眼睛也退化了，幾乎看不見，但相對地嗅覺跟觸覺很優秀。另外，牠會像貓一樣，用長長的鬍鬚來使用觸覺，會邊走邊找昆蟲或蚯蚓、果實等來吃。

鷸鴕雖然說是鴕鳥目的動物，但大小和骨骼形態都跟鴕鳥或鴯鶓有所不同，走路方式也不一樣。鴕鳥跟鴯鶓爲了提升速度，所以會加快走路的節奏（腳移動的頻率），而鷸鴕喜歡用很長的步伐距離來大幅提升速度。所以，要提高速度時，鷸鴕會用大步走的方式來走路。

比較看看鴯鶓跟鷸鴕的骨骼（圖15）。鴯鶓的髖關節會在身體前方，距離身體重心位置很近。所以大腿骨會以接近垂直的形狀來維持姿勢。相對地奇異鳥的髖關節在身體後方，所以長長的大腿骨會跟體幹呈現水平，朝前方伸出，靠著在重

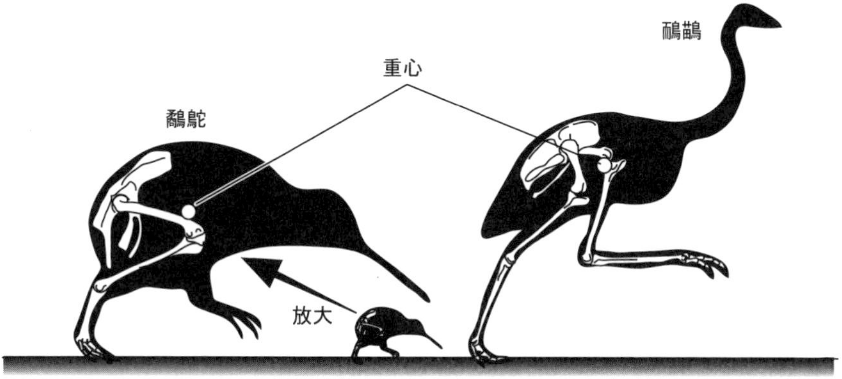

圖 15　鷸鴕跟鴯鶓的走路方式，鷸鴕（左）跟鴯鶓（右）相比，腳會以強烈彎曲的姿勢走路。

心位置附近的膝關節來維持身體平衡。

所以，鴯鶓的腳的關節能以較爲伸展的姿勢走路，奇異鳥則是跟其他大多的鳥類相同，走路時腳的關節的彎曲幅度很大。

把腳伸出去走路時，爲了提高速度，走路節奏會加快（也就是小碎步）會更有效果。由於原本的步伐就很大了，所以想要邁更大步會很困難。相反地鷸鴕腳彎曲，本來步伐很小，所以只要腳好好地伸出去、大步走動的話，就可以讓步伐加大，提高步行速度。

不用說，在鳥類中鴯鶓的步行才是特殊的走路方式。走路時究竟是要讓步伐加大，還是要加快走路節奏，以這種角度再看一次圖12（31頁）的話，駝鳥跟鴯鶓，和珠雞或火雞相比位於圖的下方，也就是用同樣速度相比的話，鴕鳥跟鴯鶓相對步幅較小。而人類跟平胸鳥類一樣是在下方，也就是說提高速度時步幅需要變大，這點人類跟鴕鳥、鴯鶓相似。

企鵝搖搖晃晃地走路

說到用兩隻腳走路的鳥類，就不得不提企鵝。企鵝用兩隻腳在冰上搖搖晃晃走路的樣子非常可愛。在水中卻可以自由自在地高速游泳、追捕魚，這兩種樣子帶給人的印象有非常大的不同。

話說，企鵝意外地可以走很長一段距離。牠們會在地上蒐集石頭來作巢，所以當然要可以走到築巢的地點。通常企鵝類的繁殖群會位在距離海岸線幾百公尺的地方，但有時會在距離海岸3公里以上的內陸，想像企鵝排成一列搖搖晃晃地走3公里，實在是可愛至極。

說是這樣說，但是走3公里，我們人類都覺得有點遠了，企鵝眞的可以搖搖晃晃走過去嗎？牠們的走路方式感覺效率很差，好像很累。

企鵝走路時腳會使用的力量以及計算其所需能量的研究顯示，企鵝的走路方

圖 16　企鵝的樣子跟人很像，所以如果讓企鵝在山手線月台上排隊，也不會有人發現（右），但是如果看骨骼（左）的話，蹲著的企鵝就可以跟站著的人類簡單區分開來。

式一如外表印象，效率很差。大概所有人都會覺得「我想也是」吧，但我們不妨來仔細思考爲什麼會效率很差。

在討論企鵝的步行時，首先得要知道的是其獨特的體型。企鵝看起來是用兩隻腳站著，腳感覺極端的短。大概因爲身上的毛色彷彿穿著燕尾服一樣，總覺得像是人類的喜劇演員一般。

但是牠嚴格說來並不是「站著」。看企鵝的骨骼圖（圖16）就很清楚。髖關節跟膝關節強烈彎曲的姿勢，以人類來說就是「蹲著」。換言之，企鵝時時刻刻都是蹲著的，連走路時也是蹲著的狀態。試著自己蹲著走路看看，就會像企鵝那樣搖搖晃晃地。牠們搖搖晃晃的姿態，背後的祕密就是體型與姿勢。

而由此延伸，企鵝的步行方式非常沒效率的理由，可能就是身體橫向搖擺和轉動幅度非常大。搖擺跟旋轉的動作，對前進而言怎麼看都是不必要的舉動，但是根據之前的研究，其實企鵝不搖晃反而效率會更差。之前也說過雙足步行的動能跟位能要有效率地轉換，才能有效率地運動，但企鵝似乎是用橫向搖擺的動作來進行這種能量轉換。

短腿優先？

也就是說，企鵝走路效率不佳的理由，跟牠們這種體型與姿勢有關。

企鵝的腳確實很短，以現在還活著的企鵝種類來說，體型最大的皇帝企鵝的體重將近20公斤，和澳洲的平胸鳥類鴯鶓幾乎相同，然而比較這兩種鳥類的腿長的話，鴯鶓的髖關節大概在80公分高的位置，而皇帝企鵝大概在30公分高左右。明明體重差不多相同，企鵝的腳的長度卻只有鴯鶓的一半以下，步行效率差也是沒辦法的事。本章已經反覆提過好幾次，腿愈長一般來說步行速度愈快、效率也愈好，企鵝的短腳和蹲下的姿勢非常不適合走路，這點沒有人能否定。

企鵝的腳會這麼短，恐怕是爲了在寒冷地帶保住體溫。雖然也有棲息在熱帶的企鵝，但多數企鵝都棲息在極地，在水中跟地面上不失去體溫就是牠們最重要的課題。四肢末梢要是比較長，就會因爲體積的表面積變大，容易失去體溫。所以在寒冷地帶演化的物種，耳朵等突出部位通常都會比較小。

雖然意外地能走很長距離，但企鵝仍然主要屬於在寒冷地區游泳的鳥類，爲此演化出的短腿與蹲著的姿勢，必須讓身體左右搖晃走路來補足才更有效率。

彈跳的鳥類

用雙腳移動時，只有鳥類會使用而人類不會用的動作，那就是彈跳。這種名爲彈跳的運動既困難又麻煩，爲什麼鳥要這樣子彈跳呢？其實到現在我們還無從得知。

如同前述，彈跳是兩腳幾乎同時一起跳的運動方式。我們常見的鳥，像是麻雀和日菲繡眼這種小鳥就是用彈跳的（圖17），而烏鴉在急的時候也會彈跳。麻雀是兩腳並用一起跳，但也有兩腳稍微錯開來彈跳的物種。例如巨嘴鴉之類的鳥類身體會微微傾斜，左右腳些微錯開，用「噠噠、噠噠」這樣的節奏來彈跳。這

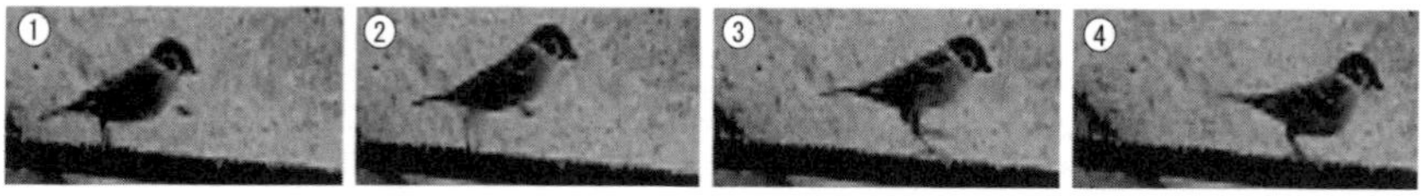

圖 17　麻雀的彈跳，左右腳微微錯開著地（照片③中偏差大約是 1/120 秒）

兩種本質上的差異目前還不清楚，不如說彈跳跟跑步的差異也還不清楚，所以步行研究者目前也是束手無策。

歐亞喜鵲這種鳥同時會彈跳也會跑步，但比較兩者的研究顯示，在跑步與彈跳中，腳的運動方式跟肌肉動作幾乎一樣。彈跳跟跑步一樣，是高速移動的方式，活用肌腱像是彈簧的功能來轉換動能跟彈性位能。然後，兩種的差別只有「雙腳交互動作」或是「幾乎一起動作」而已。

＊

彈跳和跑步除了腳動的時機以外沒有什麼不同，那爲什麼只有一部分的鳥是用彈跳的呢？

這個問題，很遺憾現在的科學還沒有解開，現階段一致贊同的只有：一般認爲會彈跳的鳥是相對小型的種類，以及常待在樹上的種類。看了許多鳥以後，會發現確實小型的鳥很常彈跳。另外，喜歡待在樹上的鳥則是常用兩腳一起從一根樹枝跳到另一根樹枝上，所以在地上也同樣會用兩腳一起跳躍，這樣說來可能就會覺得可以理解。

但是在樹上彈跳，在地上也還是可以步行不是嗎？不這樣區分移動方式，應該是因爲有什麼身體構造或生理學上的理由才對，但這問題至今仍然是謎。

另一方面，小型的鳥喜歡彈跳的理由，如果用「彈跳適合用來高速移動」可以解釋一部分的疑問。比起小型鳥，大型鳥的步幅更大，一般步行速度也比較快。如果小型鳥想跟大型鳥用同樣速度移動的話，就需要走得很快。像是人類，也很常在路上看到小孩要小跑步拚命跟上大人的走路速度。跟那個狀況相同，小型鳥有使用相對身體尺寸的高速進行移動的必要性。

想像看看會啄食掉落在地面的種子的鴿子和麻雀，如果用同樣密度灑餌，鴿子只要數步就能抵達下一個餌也說不定，但小型的麻雀需要移動相對更遠的距離才能拿到餌（圖18）。這樣一來就需要比較急著移動，這麼解釋或許也很合理。

但是彈跳和跑步如果是同樣的運動，那爲什麼不能用跑的呢？「小型鳥比較需要快速移動」這種說明，很遺憾地似乎不能完全解釋爲什麼要選擇彈跳。但這麼簡單的問題，21世紀的科學還無法解釋，眞是令人驚訝。

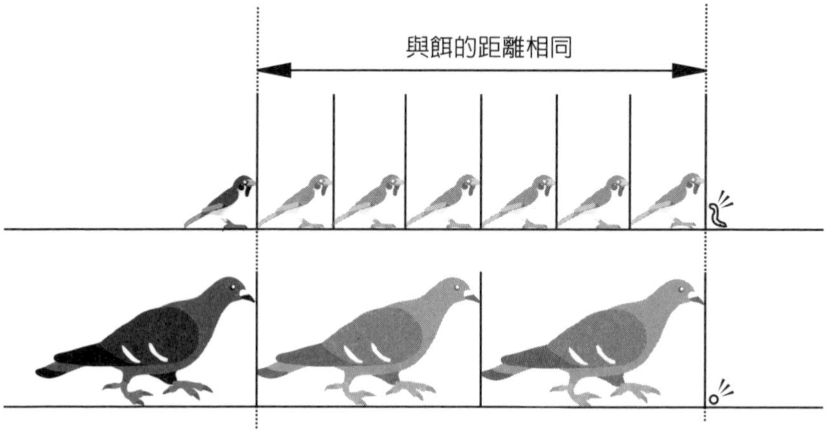

圖 18　假設在距離鴿子兩個身體遠的地方放餌，對體型較小的麻雀來說，同距離就需要移動六個身體的長度，不移動更遠的距離就沒辦法拿到餌。

碎步快走的麻雀的不可思議之處

麻雀可說是彈跳鳥類的代表選手，但牠們其實可以走路。

以前我們做實驗，讓許多種類的小型鳥類在坡道上移動時，偶然拍下了一隻麻雀步行的影片。飛到傾斜30度的木頭斜坡上的麻雀，竟然爲了接近在斜面上方的餌箱而步行！在距離只有約20公分的地方，走了3步過去。

換言之，麻雀也是可以小碎步的，實際上也可以步行。麻雀平常不走路的理由，現在還不清楚，但要是牠們想走，是能走的。即使是在傾斜面這種特殊狀況下，但牠們自發性步行的事實還是值得關注。說是這麼說，對麻雀持續錄影幾個月，看到牠步行的樣子也只有這一次而已，果然麻雀基本上還是不走路的。雖然能走，但是一般不會這麼做。

＊

目前為止，我們介紹了鳥類也會用許多方式兩腳移動，而且各自都還留下了非常多待解之謎。下一章，我們差不多可以來談談鳥類雙足步行的最大謎團，也就是邊走路邊擺動頭的祕密了。

專欄　間子的七大不可思議

某天，有個電視節目來我這裡採訪麻雀相關的知識。沒想到是關於麻雀也能走路的事。「什麼！？」我不禁懷疑我的耳朵，結果根據對方說的話，兵庫縣中町（現在是多可町的一部分）一個名叫間子的地方，有所謂的間子七大不可思議的傳聞。其中一條就是「間子的麻雀可以走路」。

根據記者所說，「大概因為間子以前有很多濕地，地上不容易彈跳，所以變得有很多會走路的麻雀吧！」

如果這是事實，那就有很多值得深思的有趣地方。

首先是「地表狀態會影響麻雀的運動」的可能性。步行或彈跳，都是移動腳對地表傳送力的行為，因此路面狀態會影響運動方式是相當有可能的。有必要考慮如果像濕地那樣地表很柔軟的情況下，比起彈跳，是否選擇走路會更加容易？這種可能性不能肯定地說一定沒有。

另一個很有趣的點是，也有可能只有間子地區的個體群變成了走路的形態，然後以基因的形式保存下來。如果這件事是事實，那間子地區的麻雀過去透過濕地的活動來獲得走路能力，在濕地減少的現今也持續這樣行動，那有可能這個特性已經刻在基因中了也說不定。

總有一天我想要親自造訪間子，用自己的雙眼確認這件事，本書讀者如果有住在該地區附近的人，還請試著澈底觀察看看。

本來，對於傳說這種東西，有些人認為單純當作奇聞異事，只要好玩就好，所以不去證實也不壞。但不管怎麼說，在一個地區僅有的七個不可思議現象中，「麻雀可以走路」竟然能入選，這本身就是一個不可思議的現象。這事讓我打從心底，萬分感激間子地區的人們。

3 鴿子為什麼要邊走邊搖頭？

被搖頭晃腦的樣子奪走芳心的人們

人們非常在意鴿子爲什麼會搖頭晃腦，這不是最近才有的風潮。如果試著回顧鴿子的擺頭研究史，意外地經歷了很長的時間，第一份研究是從1930年開始。英國學者頓拉普和莫勒以每秒30幀高速連拍的方式，從側面錄下了世界上第一支鴿子走路影片。

可不要覺得「什麼啊，只是錄影而已」喔。現在雖然用手機或數位相機可以很輕鬆錄下高畫質的影片，但即使在我還是小孩的時候（1980年代），一般家庭也是沒有錄影機的。要是在路上遇到電視台在錄影時，朋友間還會爭先恐後想要被鏡頭拍到呢。而在早半個世紀的1930年代錄影又是多稀奇的事，還請大家試著想像看看。

發明世上第一個連續攝影裝置的時間是在19世紀末期。埃德沃德・邁布里奇（Eadweard Muybridge）這個攝影家設計了將照相機並排起來連續按下快門的機制，是一個很大型的裝置。透過這個裝置，第一次可以科學地記錄下「運動」。

那之後也持續開發錄影裝置，這些裝備讓運動研究得以開花結果，但1930年代還只是研究人類步行的黎明期而已。在那個時代竟然有人特地研究鴿子的運動，我們說得保守一點，他們對鴿子爲何搖頭晃腦這問題的興趣之濃厚，可說是毋庸置疑。

讓頭靜止的鳥類

他們的熱情，使得鴿子步行的樣子第一次被錄下來，也發現了與鴿子擺頭有關的驚人事實。事實上，鴿子是邊走邊讓頭部保持靜止！鴿子開始走路後，身體幾乎維持一定速度前進。然而明明身體在前進，但爲了讓頭部靜止不動，脖子就得彎曲並縮起來才行，只要脖子縮到某個程度，接下來就可以一口氣伸長脖子讓頭前進。反覆持續這動作後，就是鴿子步行時搖頭晃腦的樣子（圖19）。

鴿子走路的翻頁動畫開始！

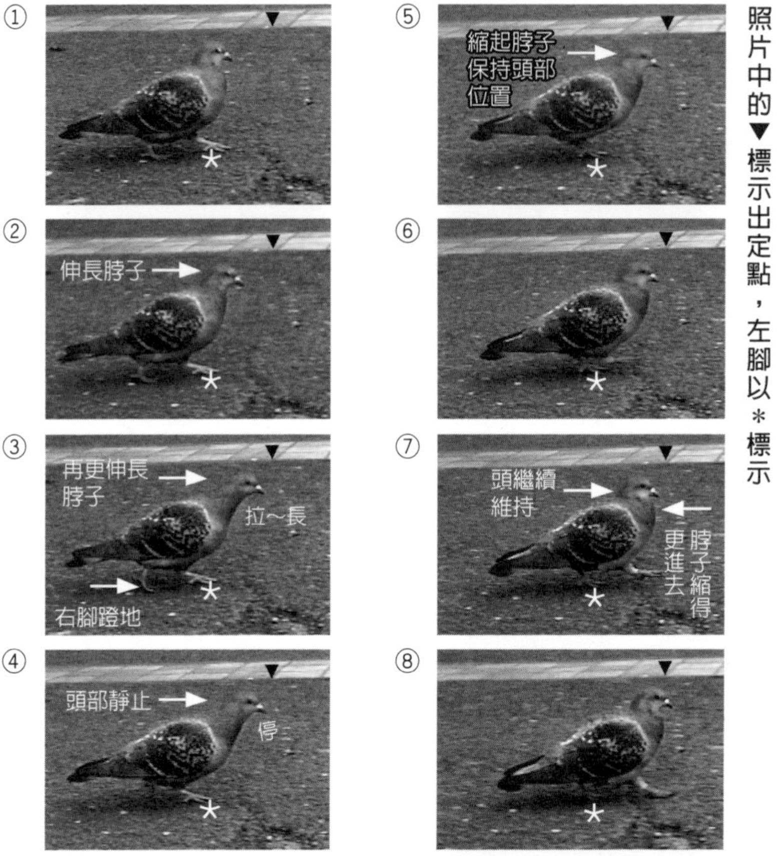

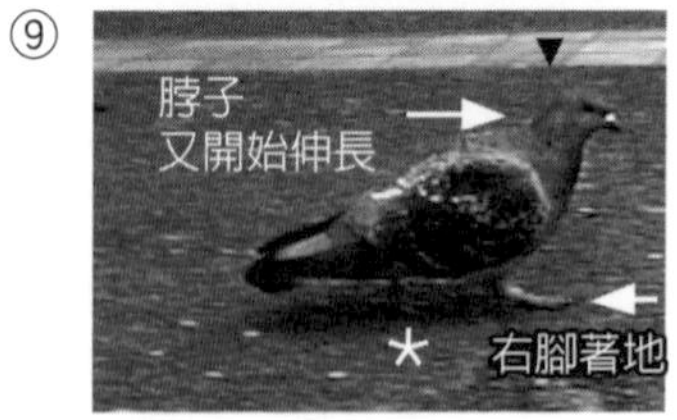

圖 19　野鴿步行時的擺頭動作。①～④邊伸長脖子邊前進，④～⑧脖子縮回並靜止（參照左圖），⑧～⑨再度開始伸長脖子，各格間隔約 1/30 秒。

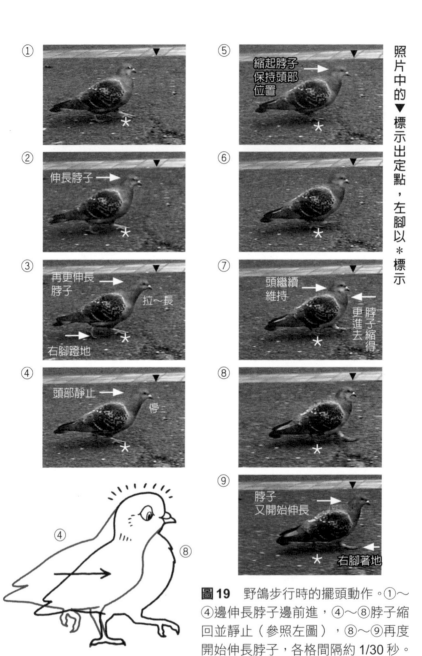

那麼，到底鴿子爲什麼要讓頭部靜止呢？

聽到讓頭部靜止，感覺好像很特殊，但不只是鴿子，許多鳥類都會盡量讓頭部保持靜止。

好幾年前，在影片串流網站上，有個人手捧著雞晃動，但雞的頭完全沒有動的影片掀起了話題。就算前後左右晃動雞的身體，但雞頭就像是被固定住一般完全靜止，彷彿CG般不可思議。但是現實中許多鳥類就是這樣動作的。

前述頓拉普和莫勒的1930年的論文中，可說是領先全世界進行了有趣的實驗。他們不只是單純拍下鴿子，也確認了用手抓著雞或鴨子上下左右晃動，牠們的頭會靜止不動。雖然忍不住讓人想吐槽「你們到底有多愛擺頭這主題啊！」但結果是得知雞進行前後動作時，頭可以保持靜止；而鴨子是上下動作時，頭可以保持靜止。如大家所知，鴨子在水面上浮著的時間很長，浮著的時候總是會隨著波浪上下搖動，所以牠們對這類平常的動作，才會有這種反應吧。這是兩位學者做出的解釋——原來如此啊，或許是這樣也說不定。無論如何，鴿子或雞都會讓頭靜止不動，走動時也想讓頭部靜止，結果反而造成了擺頭的動作。

放入箱中的鴿子實驗

下一個問題就是，爲什麼鴿子要讓頭靜止呢？頓拉普和莫勒的論文經過半世紀，到了1975年，英國的傅利曼進行了巧妙的實驗來回答這個疑問。在實驗前，他針對引發擺頭動作的原因，考慮了三種可能性。

第一個可能性是鴿子認爲景色在移動。眼睛看到景色的移動後會形成刺激，使得頭擺動。第二個可能性是鴿子在空間中移動時會感覺到加速度，然後會引起擺頭反應。第三個可能性是腳跟脖子的運動之間被某種機制連結在一起，所以步行動作時頭也會跟著動。

這三個可能性中，爲了確認哪個是擺頭的主要原因，傅利曼將家養環鴿放入箱中，讓牠們在各種條件下行走。首先單純讓鴿子在箱中走動，發現鴿子在箱中會跟平常一樣擺頭走動。確認這點後，再進行圖20的實驗。

圖20的（a）鴿子背上會抵著棒子固定在天花板上，箱子下有輪子，被固定在天花板上的鴿子走了也不會移動，但腳下的箱子會隨著腳步往後移動。雖然在空間上來說鴿子並沒有移動，但能走路，而周圍的箱子要是動了，鴿子也會彷彿看到

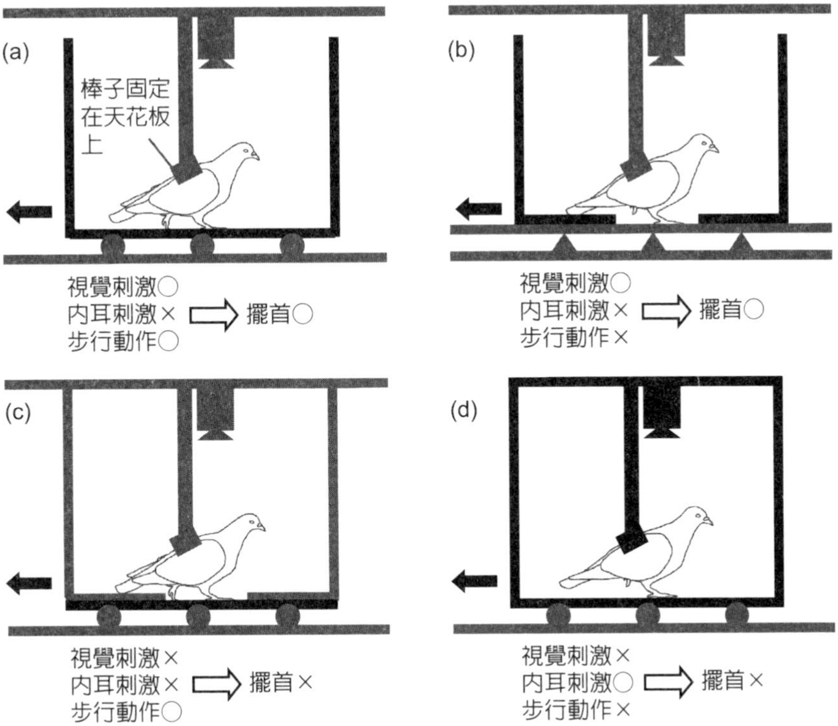

圖 20　傅利曼的實驗。黑色描繪出來的部分會動，灰色部分是靜止的。箱子下的圓圈是輪子，箱子或地板可以順暢移動，如果是三角形，就是地板被固定住無法移動。

移動的景色。結果是鴿子會擺動頭部。也就是說，走路的動作加上景色移動的話，鴿子就會擺頭。

（b）的情況下，鴿子還是被固定在天花板上，但這次實驗中，腳跟地板都不會動，只有箱壁會動。鴿子在空間上被固定住，沒辦法走而只能靜止不動。不過箱壁會動的緣故，所以從鴿子看來景色是在動

的，結果，這次鴿子也擺動了頭。這表示就算不走動，只要景色會動，鴿子就會擺動頭。

至今爲止的實驗，可以得知鴿子擺動頭的理由是視覺刺激，但爲了確認，還是再試看看其他刺激是否會引起擺頭的動作。圖20的（c）是鴿子和箱壁都被固定在天花板上不會動，但腳邊部分的地板會動的機制。在這狀態下的鴿子走動後，就像我們在跑步機上走路一樣，只有地板在移動。就算一直努力走，也只有地板在動而不會前進。景色（箱壁）也不會改變。這樣一來鴿子就不會擺頭。也就是說，走路這個動作本身並不會引發擺頭。

最後是鴿子不動，讓空間移動來確認其影響。圖20（d）是連鴿子跟箱子整個一起移動的實驗。鴿子站著靜止不動所以不能步行，代表外面景色的箱子是跟鴿子一起移動的，所以相對景色沒有變化。但是空間上鴿子在前進，內耳的三半規管也會感覺到加速度。然而鴿子還是沒有擺動頭。結果即使空間上在移動，也不會引發擺頭的動作。

這樣謎團就解開了，不是因爲腳動所以頭才動，也不是因爲身體感覺到移動所以頭在動，而是因爲景色動了，鴿子才擺動頭。

頭的動作和眼睛動作

景色一動，鴿子的頭也會動。再講得詳細一點，是相對於鴿子的景色如果移動了，鴿子的頭就會爲了讓頭對景色保持靜止而擺動。這是因爲透過眼睛來追蹤景色。

我們人類也會用眼睛去追蹤景色，當然，我們不會像鴿子那樣擺動頭部，舉例來說，如果我們觀察那些從電車或巴士的車窗看著窗外流動景色的人，會發現他們的眼睛會不停轉動來追逐景色。而這轉動的眼球動作，跟鴿子擺動頭部是同樣的意思。

爲什麼要用眼睛追逐景色呢？爲了思考這件事，我們先來想想觀看的機制。

我們能看向東西或景色，是因爲光穿過眼球透鏡，烙印在眼球內側的視網膜上並且成像，刺激了構成視網膜的視覺細胞。這個刺激會化爲神經信號，並通過視神經抵達大腦，在大腦進行一些資訊處理後，我們就認知到了物體或景色。這跟光透過數位相機鏡頭，透過像素轉換成電子訊號並顯示在畫面上的機制很像。

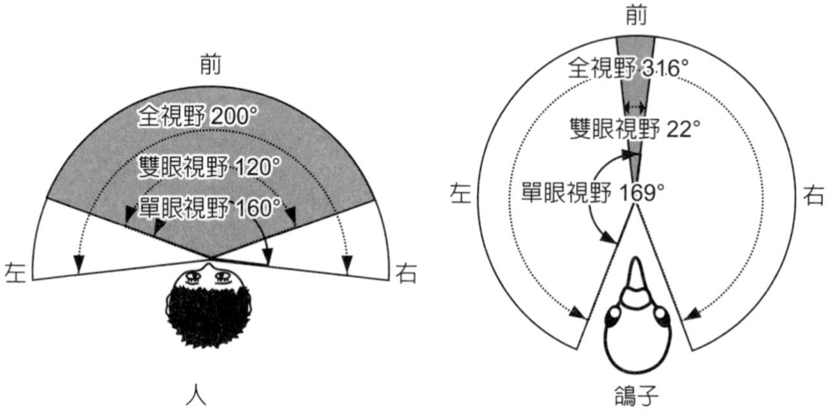

圖 21 人（左）跟鴿子（右）的視野比較

那麼相機如果邊動邊拍照，會發生什麼事呢？沒錯，就是會「手震」。我們的眼睛也一樣，如果眼睛看著的景像一動，投影在視網膜上的影像就會像手震照片一樣不清楚。所以要是看著汽車或電車窗外流動的景象時，爲了讓影像不那麼模糊，眼睛會無意識地追逐流動的景象。

人為前，鴿為橫

說是這麼說，我們人類看著窗外景色時，雖然眼睛會動個不停，但一般走路時不會擺頭也不會一直頻繁轉動眼睛，這又是爲什麼呢？

這其中的理由是，首先我們跟鴿子的眼睛方向就不一樣。與我們人類相比，鴿子的眼睛是朝著橫向或斜前方，我們人類的眼睛則是朝著前方（圖21）。

眼睛方向一旦不同，看的範圍也有很大差異。只有單眼的話，人類大約有１６０度的視野，左右眼視野重疊的部分大約有１２０度，所以整體上大約有２００度左右的視野範圍。另一方面，鴿子單眼的視野是１６９度，跟人類沒有太大差別，但是整體視野卻廣很多，有３１６度。看圖就能知道，除了正後方以外幾乎都看得見，取而代之的是左右眼視野重疊部分很小，只有大概22度。

看得最清楚的是什麼？

眼睛如果朝向旁邊，當然也就更能清楚看見旁邊的東西。

在我們人類的眼中，視野中心是看得最清楚的，大家憑經驗應該也很清楚吧！雖然視野周邊也能看見，但最能清楚分辨的還是視野的中心附近。這是因爲投影到視網膜上的視野中心有名爲「中央窩」的部分，是視覺細胞特別集中的高密度區域。視覺細胞密度高，可以想成是高像素的數位相機那樣，能接收更詳細的光資訊。

中央窩跟瞳孔連成的線稱爲視軸，人類的視軸幾乎是朝著正面，但鴿子的視

軸是朝向側面（圖22）。用比較精準的說法是，前方景色投影在鴿子眼睛中的部位，附近也有密集的視覺細胞，所以不只是鴿子視軸朝向的左右方向，正前方似乎也看得相當清楚。鴿子用眼睛捕捉種子那些食物後，用嘴來啄食，所以要是看不到前方也很不方便。

說歸說，但最容易看清的還是左右方向，這點並未改變。這樣也就可以理解，爲什麼包含鴿子在內的鳥類想仔細看清楚時，就會用單眼觀察。

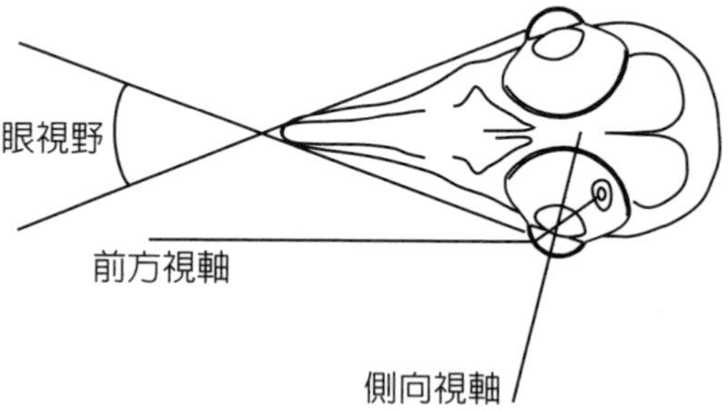

圖 22　鴿子的視軸。雖然前方視軸的解析度也很高，但通過中心窩的側向視軸是最清楚的。

看的方向與動的方向

視軸方向一改變，當生物移動時，映入眼中的景色的移動方式也會有所不同。我們人類往前走後，景色會像是朝著眼睛迫近（圖23左）。此時景色從視野的中心往周圍擴大展開。這個時候，人類眼中景色最關注的地方雖然會隨著距

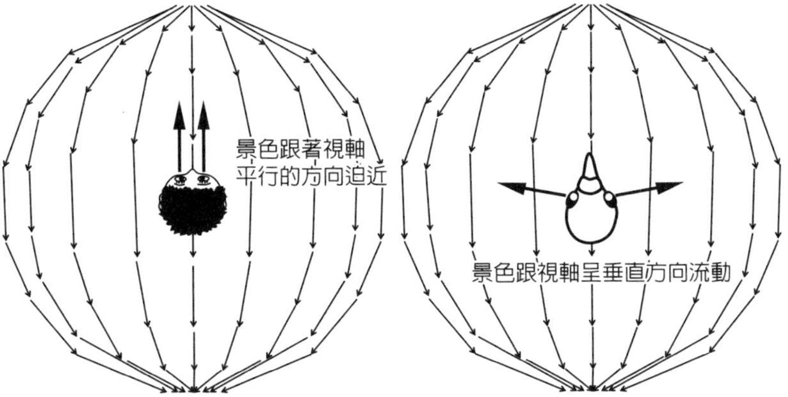

圖 23 人（左）跟鴿子（右）前進時的景色變化。視線方向為粗箭頭，景色動向則是細箭頭。

離拉近而變大，但會一直在視野中心附近。即使關注的地方大小發生變化，但因爲一直在視野中心，所以只要一直盯著相同方向就可以了。

不過，要是像鳥一樣眼睛朝著側面，景色流動方向就會跟視軸呈現垂直，那麼關注的東西就會經常由前往後流逝（圖23右），因爲景色溜走了，所以爲了看清楚，眼睛就得跟著動才行。

也就是說，我們前進時可以不擺頭也不用轉動眼球，是因爲我們看著前方，再一次想像看看，看著公車或電車窗外的景色時，我們的視野會跟鴿子一樣是看著側面，由於是一邊前進一邊看著側面，所以就會像鴿子走路時一樣，視軸

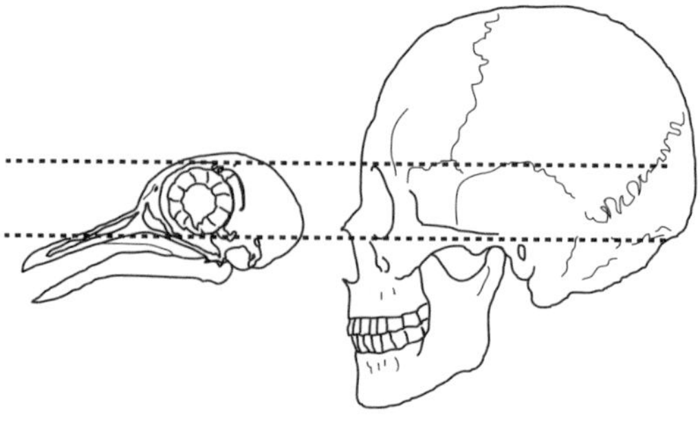

圖 24　鴿子（左）跟人類（右）的頭骨。眼窩尺寸拉到一樣比例，可以發現鴿子的頭骨跟眼球尺寸相比，頭骨究竟有多小。

跟景色流動方向呈現垂直，如此一來，我們也得用眼睛追逐景象了。

鳥的眼睛不會不停轉動

那麼，爲什麼鳥類不像我們那樣轉動眼睛呢？比起特地擺頭，讓眼球動不是更節省能量嗎？

這個祕密在於眼球的大小和形狀。

我們人類的眼球大概是乒乓球大小的球形，剛好包在眼窩中，眼球跟眼窩之間，有著很發達的肌肉可以移動眼球，並透過收縮肌肉將眼球導往各種方向，讓眼球可以轉動。

相對地鳥類眼球跟頭部大小相比顯得非常巨大（圖24），形狀也比球形稍微平坦一點，如果不是球形就比較難動作，這也是理所當然。而且爲了讓大眼球動作，眼球運動的肌肉要非常發達，但是鳥類這個區塊的肌肉並不那麼發達。

鳥類會有這麼大的眼球，跟在空中飛有很大的關係。鳥在空中飛並在樹上築巢、進食，對牠們的生活來說，視覺是重要的情報來源。

爲了正確地獲得視覺資訊，眼睛大一點比較好。眼球大、視網膜也會變大，視覺細胞就可以增加。數位相機的像素比較大的話就可以拍出比較清晰的照片，視覺細胞要是愈多，就可以看到愈細節的東西。所以當其他條件都相同時，眼睛愈大就看得愈清楚。

眼睛變大，眼球運動的肌肉就得跟著變強，但是鳥爲了在空中飛，所以有身體必須很輕的限制，另外，飛行時的身體安定性很重要，從身體突出去的頭部要是很重，每次頭的位置改變，就會讓身體重量分布有很大變化，不容易取得平衡。爲了避免發生這種事，頭部重量會減輕，身體構造上會讓較重的部分盡量往身體中心集中，以鳥的身體構造來看，下顎失去牙齒，成爲纖細的鳥喙，也是其中一例。

就結果來說，鳥類的眼球跟頭相比是不成正比地大，但是眼球沒辦法像我們人類一樣轉個不停，這也沒辦法。實際上眼球雖然也不是完全不能動，只是跟我們相比，牠們眼球轉動的程度小很多。

要是眼球不能動，動頭不就好了

要是眼球不能動，就無法追著流動的景色，那會很困擾。雖然也可以不去看景色，但這樣特地演化出來的大眼睛就沒有意義了。所以我們嘗試轉換想法，要是眼球不能動，那動頭不就好了嗎？雖然比起移動小小的眼球，移動頭要耗費更多能量，但是要是能代替「移動眼球」，改為「移動頭部」，也不是辦不到。

幸運的是，鳥的脖子很長，而且很靈活，只看脖子的骨頭數量，比我們哺乳類還要多很多。哺乳類的頸骨數量，不知為何都固定是7塊，進化過程中沒有增加或減少（除了少數幾種樹懶類的動物例外），即使是長脖子的長頸鹿，脖子的骨頭也還是7塊（圖25）。反而鳥類的世界就像一般人比較能理解的那樣，脖子骨頭數量會隨種類而異，一般是12～13個，但天鵝有23個，骨頭既然這麼多，那脖子就能相當自由地活動了。

鳥類的脖子能動到什麼程度，看牠們梳理羽毛的樣子就知道了。牠們會彎曲脖子，喙可以碰到尾羽根部的皮脂腺，並沾取那裡分泌出的油脂，再用來塗抹並整理全身的羽毛。正因為脖子長且靈活，所以喙才能抵達尾羽根部，並梳理全身羽毛。

前面也提到，眼球要是不能動，那動頭不就好了嗎？——更準確的說法或許是「只要脖子可以靈活地動，眼球不動也沒關係吧！」或許就是因爲脖子經常活動，所以才能演化出相較頭骨而言相當大的眼球。外行人要是看了恐龍的復原圖像後，可以發現鳥類在獲得充份的飛翔能力前，鳥類祖先就有著長長的脖子跟小的頭部，但到底是哪個先演化出來，哪個後演化出來，我還不是很清楚。

總之，要思考鳥類擺頭前很重要的一點是，鳥是在空中飛的動物，有著長且靈活的脖子、以及和頭的尺寸相比大得不成比例且不太動的眼球，這兩者可以說

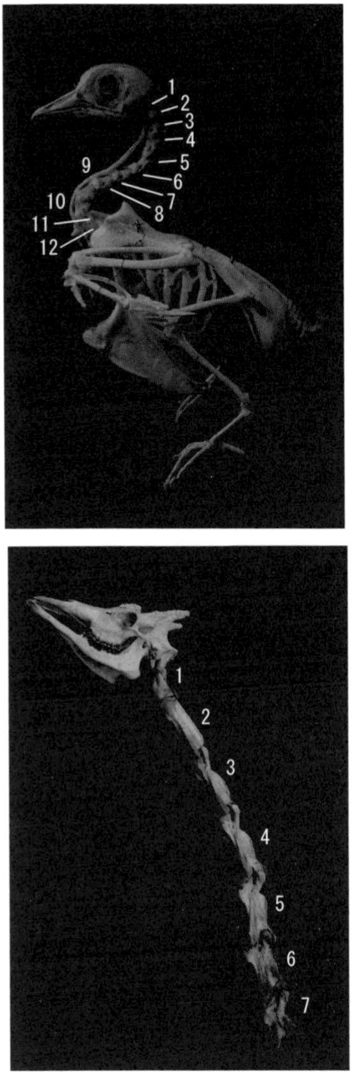

圖 25 紅頭綠鳩（上）和網紋長頸鹿（下）的脖子的骨骼。脖子的骨頭（頸椎）旁標有號碼。

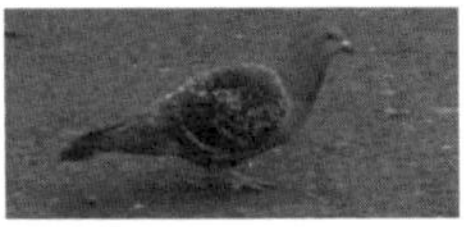

就是鳥類的一組特徵。正因爲有這樣的特徵，鳥兒們才可以擺動頭來觀看景色。

擺頭可以測量縱深？

不只是爲了防止視網膜上的影像模糊，擺頭也可以有其他稍微更積極的意義，例如，認爲鳥類可以透過擺頭來獲得測量距離的猜想。

測量距離的知覺機制不是那麼簡單的，以人類來說，用左右眼同時看也發揮了這樣的功能，右眼跟左眼位置不同，所以看向同一個東西時會有一點點的角度差別才對，像是右眼跟左眼交互閉上的話，左右眼看到的視野會有微妙的差異。這樣的差別在看向愈近的物體就愈明顯，愈遠的物體就愈不明顯，而這樣的差異感有多大，就跟距離感有關。

鳥類又是怎麼樣呢？多數鳥類的眼睛都是朝著左右各自分開的，所以視野重疊的部分很少，這是前面就已經提過的。所以，有一個假說就認爲，多數的鳥爲了抓準距離，所以需要擺動頭部。如前面所說，擺頭是爲了在移動中可以仔細看清楚景色中的某個焦點，之後一口氣移動後再次仔細看向景色，一直這樣來回反覆。這樣就可以達成從複數地點看一樣景色的效果。如果從兩個地點看到的影像來比擬，第一次看到的影像就可以比成人類右眼看到的景象，下一個看到的影像則比成人類左眼看到的景象，這樣就能把鳥類眼中的影像理解成跟人類雙眼視覺同樣的作用。

這個假說的背景是因爲觀察到鴿子不只是步行時擺頭，飛翔的鴿子要著地時，也會頻繁擺動頭部。因此推想，要是著地時無法仔細掌握跟樹枝的距離是不行的，所以才推測這樣的動作可以測量距離吧。確實有蠻大的可能性，許多研究者也相當支持這個假說。

擺頭的方式跟走路方式

那麼，至今我們已經相當仔細介紹了擺動頭跟視覺相關的功能，好像有點太深入了，讀者們可能會覺得擺頭的話題已經夠了也說不定，但鴿子的擺頭還有更深的內容，那就是擺頭跟走路方式的關係。

「等一下，傅利曼的實驗不就已經證明，鴿子走路跟擺頭無關嗎？」確實是這樣沒錯，但仔細想想，他的實驗結果並非爲了證明「走路跟擺頭無關」而是確認「走路時也可以不擺頭」。或許，不擺頭的走路方式的能量轉換效率，會跟擺

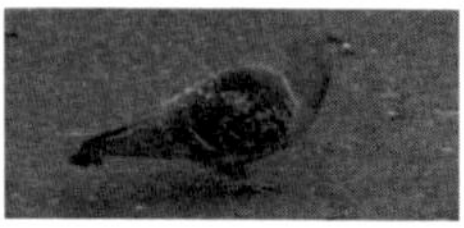

頭的時候不一樣也說不定。根據傅利曼的實驗，這部分沒有特別著墨，所以步行跟擺頭之間還不能肯定完全沒有關係。

更進一步地說，「景色要是動了，鴿子就會擺頭」這樣的假說，和「擺頭和走路有關係」的假說，這兩個觀點也不完全衝突。也就是，在景色移動時鴿子會擺頭，並且走路方式可能也有關係才對。但是，回顧鴿子的擺頭研究後，就會發現在傅利曼的研究後，都把「擺頭＝視覺行爲」了，所以幾乎沒有人關注擺頭跟走路的關係。

走一步擺一下頭的理由

那麼再一次來看看鴿子的走路方式吧！擺頭是一步一次，而且是在固定的時機下進行。不只鴿子，雞或鷺等其他許多鳥類也是一樣的。

擺頭跟腳的動作時機是如何決定的呢？兩者之間有沒有什麼關係呢？不了解這點就無法解釋。

能發現脖子跟腳的動作有關聯，是因爲不只是直線走的時候，同時求愛動作跟改變方向時也會有一樣的行爲。舉例來說，野鴿求愛時，會踏著步伐同時上下擺動頭部來跳舞，這時頭會時不時靜止，時機是每踏一步就靜止一次。

像這樣觀察到腳的動作跟頭的動作一致，就不禁讓人猜想，這是不是動物活動身體時的神經控制系統所造成的結果。

不只是鳥，動物身體有多得驚人的關節，而要活動關節必須有許多肌肉，以鳥類脖子來說，頸椎數有13節，而脖子運動的肌肉大約有200條。試著想像看，同時控制200條之多的肌肉並讓頭部適當活動，然後試著邊走邊讓頭部配合景色移動的速度來靜止。要是一條條肌肉個別分開控制的話，就算大腦處理能力再怎麼好也跟不上吧。

同樣地，我們的步行也可以套用這樣的概念。如果只是平地上的單調步行，或許連發條玩具也能做到也說不定，但要是需要同時注意路面落差，像是有時腳要稍微抬高來避免跌倒，或是在泥濘中打滑時要避免滑倒，甚至爲了取得平衡並邁出下一步。這樣的事情雖然對我們來說是理所當然，但需要瞬間判斷以及控制腳與精巧地收縮全身上下龐大數量的肌肉，讓自己不要跌倒繼續走路，光想像就非常辛苦。

像這樣的辛苦事，我們是如何辦到的呢？這在以前就被認爲很不可思議。而

最近得知了新的事實，那就是像步行這類週期性的運動，中樞神經似乎有系統可以同時發送基本的固定節奏給肌肉群，而個別肌肉則配合這個信號進行收縮。雖然我們這裡不討論這個系統如何詳細運作，但像這類的控制系統能讓我們身體活動，透過簡單的實驗就能明白。

例如，右手跟左手同時反覆拍打桌子看看。很簡單就能做到。而右手跟左手交互拍打桌子也很簡單就能達成。那右手拍三下的同時，左手拍兩下桌子，又會如何呢？對許多人來說，這就變成了非常難的動作。明明只要把右手跟左手完全獨立控制應該就能完成的簡單動作，實際試了就會發現意外地困難。這樣的動作會如此困難，想必是因為中樞神經系統已經發出共同的固定節奏訊號給左右手（臂），左手跟右手也就依循訊號來控制。

如果鳥類的擺頭跟腳部動作也接收了中樞神經系統的固定節奏訊號，那會怎麼樣呢？頭跟腳要完全分開來動作就會變得困難，相反地兩者用同樣的週期一起動作會比較簡單才對。所以鳥類走動的時候，就配合腳步一步一擺頭，這樣就說得通了。

一步的距離與一次擺頭

但是再想得更仔細一點看看。我們用右手拍兩下桌子的期間裡，左手拍一下桌子，這樣的動作是做得到的，右手拍三下的期間裡左手拍一下也不是很難。那這樣一想，鴿子擺頭的時候，如果兩步一擺頭，或是三步一擺頭，這些搭配也不奇怪才對呀。

我實際觀察過鳥類擺頭的模式。像麻鷺或紫鷺這些鷺類的動物，如果走得很慢時，大概每兩步才會擺一次頭，而像高蹺鴴這種鳥一步大概就會擺兩次。雖然也不是自由自在地亂擺，但某種程度上還是可以有各種不同節奏搭配。那爲什麼大多數的鳥還是喜歡同樣的擺頭節奏呢？

其中一個可能性是跟鳥的脖子可動範圍以及步伐大小有關。擺頭就是身體前進時，配合身體動作來彎曲脖子讓頭靜止，所以脖子可動的範圍要是比步伐大，那在頭的靜止期間裡就能往前走好幾步吧。反過來說，如果跟步伐大小相比，脖子可動範圍比較小的話，那就是向前走一步的期間裡，可以頻繁擺動兩次頭或三次頭了。

步伐大小跟腳長有關，脖子可動範圍則由脖子長度及柔軟性決定。這樣一看，鳥類們脖子長的話，鳥腳也通常較長，要是脖子長度跟腳長差不多一樣的話，那差不多就是一步一擺頭會最方便，這也就可以理解了。這樣就能部分解釋，爲什麼擺頭的時機雖然有很多可能性，但一步一擺頭果然還是最常見。

擺頭跟重心移動

還有另一個答案是跟身體平衡有關。看到鴿子擺頭時，大家應該都疑惑過「這樣能平衡嗎？」我也有這樣的感覺，1970年代時，有學者認爲鴿子或許往前伸脖子，是爲了讓身體重心往前方移動，提早把重心移往往前伸出的腳上，讓身體維持安定。但是，很可惜的沒有人去嘗試確實驗證這個假說。

而我也試著查了鴿子走路時的重心轉移，讓鴿子的遺體擺出各種姿勢來測量重心位置，並依此在影像上試算鴿子走路時的重心位置。

結果伸脖子雖然會讓重心往前移動，但距離不過是2～3毫米而已。頭跟脖子很輕，所以就算把脖子伸出來，重心的位置也不會有多大改變。要是計算這幾毫米的變化會讓重心轉移到往前伸的腳的時機快上多少呢？仔細計算後，大概只會快1－60秒左右而已，所以擺頭可以讓重心移到腳上的時間變長、讓步行變得安定，這種推測有點難以成立。

那麼下一個就來調查看看，跟鴿子的身體比例差很多的小白鷺。小白鷺的脖子很長，對重心位置造成的影響應該很大吧？但結果是，即使小白鷺的脖子跟腳都很長，但重心移動跟擺頭、走路時機，和鴿子並沒有很大差別。

雖然這結果可能讓人有點失望，但重新振作起來再想一次，「一樣」也是相當重要的結論。鴿子和小白鷺的腳長跟脖子長度差異大得驚人，即使如此卻用著同樣的頻率在擺動頭部，這一定是有什麼重要的理由才對。而要是再調查一次身體移動的方法跟重心位置的關係，就會發現讓頭部靜止的瞬間和重心移到腳上的瞬間，還有開始移動頭的瞬間及重心離開腳的瞬間是一致的（圖26）。這樣的關聯，無論是長腳的小白鷺或是短腿的鴿子，都完全一樣。

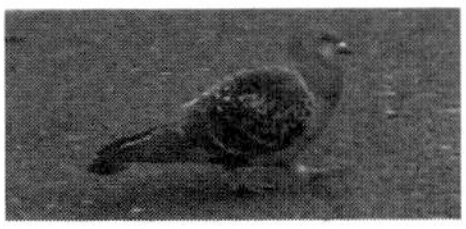

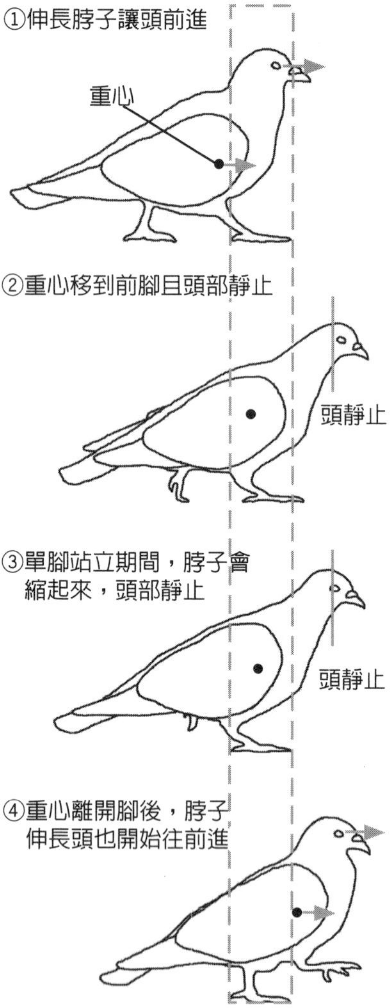

圖 26　鴿子步行時的姿勢及重心移動。重心往前腳移動後，頭（眼睛）就會靜止。單腳站立的期間，脖子會縮著而頭也會靜止不動，重心離開腳後，脖子會往前伸然後讓頭前進。

頭部靜止及緩步前進

特別值得一提的是，單腳站立期間，頭部是靜止的。單腳畢竟是只有一隻腳在支撐整個身體——好像也是理所當然——腳需要力量，所以要是重心不在腳上的話，身體平衡就會崩潰。另外，此時的重心比兩腳落地時高，所以身體會呈現不安定狀態。主管平衡的內耳三半規管，或是跟平衡感有關的視覺器官，全都位於頭部，所以頭的靜止，或許對維持姿勢是很重要的。也就是說，有可能鳥擺頭的時機，是爲了在單腳站立期間更容易保持平衡，才選在這時候。

像這樣的走路方式，特別在慢步時有很顯著的效果，快步時就算每步的安定性不算太好，但因爲連續移動身體，所以可以保有某種程度的穩定性，然而慢步走的時候，步行相關的每個時間點，姿勢就必須保持穩定。

看看鳥兒們的的走路方法，特別是長腳的涉禽，有時會走得非常慢。要在田裡找食物的紫鷺等，有時甚至不知道牠們有沒有在動，就算觀察牠們也搞不清楚。雉鳥或雞、鴿子等常見的鳥類，有時走路到一半也會單腳站立停止。我們人類絕對不會這麼做，但對鳥來說好像沒有任何困難。像這樣的步行方式之所以可以辦到，就說明了牠們在單腳站立期間，身體也是非常穩定的。

透過擺頭來停止旋轉？

擺頭走動的另一個重點是，兩腳著地期間頭會前進，這代表往後伸的腳在地面強力一蹬，並獲得推進力的時候，脖子會伸直。而這個時間點如果脖子伸長，就可以減輕蹬地時產生的身體迴旋力量。

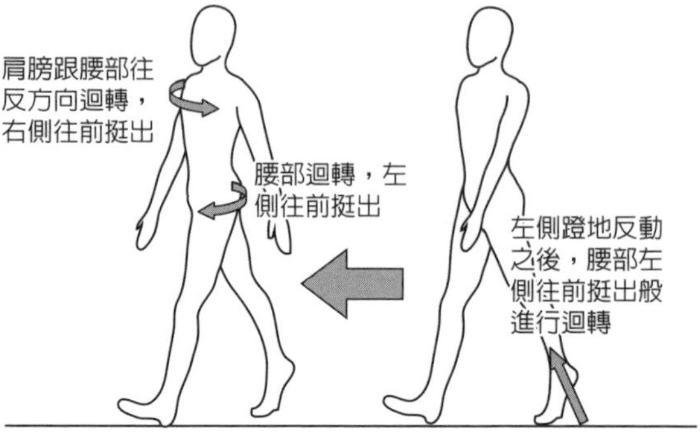

圖 27　人類的步行。左腳蹬地後，反動會讓腰部迴轉，讓腰左側往前挺出並前進，這時肩膀會往反方向旋轉而形成拮抗平衡，腰部的迴轉變小，也會讓走路姿勢比較安定。

無論是鳥或人類，腳都分布在左右兩側。所以要是右腳往地面一蹬，身體中心的重心右邊就會施加力量，如此一來就會以重心爲中心產生旋轉力，身體就會旋轉起來。接下來左腳再蹬地之後，這次是左側加強力量，往反方向旋轉。不用說，旋轉對於前進是沒有意義的動作。每次蹬地，身體都會不斷往不同方向轉來轉去地迴轉，這樣就會讓運動效率變差，也會讓身體變得不穩定。

人類的狀況也是一樣，人會配合腰部旋轉動作讓肩膀往反方向扭轉，也就是透過拮抗平衡來有效抵銷迴轉的運動（圖27）。我們走路時右手跟左腳、左手跟右腳，這兩組相對方向的手腳同時往前會比較好走，就是因爲腰部迴轉跟肩部的迴轉方向總是相反。我們人類是直立著的，所以體幹旋轉可以造成拮抗平衡，但不是直立的鳥兒們要怎麼樣抵消迴轉運動呢？

沒錯，就是靠擺頭。要是從「抵消迴轉運動」這個出發點來看，鳥往前伸脖子的時機其實是很絕妙的。只要伸長脖子，身體就會往前後方向拉長，要是質量相同，長的部分會比短的部分還要更不容易旋轉，就像蹺蹺板，要是坐在離支點愈遠的位置，另一側就愈會需要更大的力氣來舉起對方（蹺蹺板是以支點爲中心進行旋轉的）。相同地，要是蹬地的力氣很大時，把脖子伸長進而讓身體伸長，就能變得不易旋轉、可以減少無意義的旋轉，能量轉換效率或身體的穩定度也會增加。

鴿子擺動頭部之謎，先來點小結

至今我們介紹了鴿子擺頭的各種機制，先來做點簡單地復習吧。擺頭動作首先有視覺上的考量，鳥的眼睛是在身體兩側，所以牠們走路時，景色會以跟視軸呈直角的方向流動。眼睛需要追著景色跑的同時，因爲鳥的眼球很大、而且形狀有點扁平，不是很好轉動，所以只好讓頭與相對景色呈現靜止狀態，也就是擺頭。

接著是一步擺一次頭，甚至是在特定時機下擺頭的理由，這麼做似乎跟走路

這個動作有關。一步要擺幾次頭，是由脖子長度或步伐大小來決定，並且神經系統會同時控制脖子動作跟腳的動作。另外，擺頭可以讓走路時更加平衡，因此從這點來看，走路也是擺頭最適合的時間點。

各種鳥類都會用萬年不變的節奏來擺頭走路，這個行為背後的原因意外地複雜。

專欄　和擺頭行為的命運相會

我會開始研究鴿子擺頭的契機，是因為有很多朋友問了我這個問題。雖然講這些個人私事有些不好意思，但我本來在大學時，是跟研究人類雙足步行進化的老師學習，當然，這是因為我對人類的進化很感興趣。然而，我也非常喜歡動物。小時候開始就很喜歡去抓魚，或是抓青蛙、烏龜、小鳥等動物來養。上大學後，也常常去賞鳥，興趣是製作骨骼標本。總之，就是很喜歡動物，我覺得要是能研究動物會很開心吧，所以大學專攻的是人類學這個領域。

但是，這個選擇有一個很大的錯誤，人類學既然名為人類學，所以當然必須要研究人類，在這圈子中有著這種氛圍。當然這也沒錯啦，我也沒有勇氣一邊做著鳥類研究，一邊自稱是人類學者。雖然覺得研究跟人類是近親的猴子好像也不錯，但是要觀察猴子可不是一件簡單的事。我為了觀察猴子而嘗試前往山中無數次，但沒想出什麼好的研究題目。那陣子在我煩惱的時候，我總會半帶逃避現實的心態，經常跑去賞鳥。

有一天，我突然發現，我最喜歡的鳥類也是雙足步行啊！接著，我突然靈光一閃，想著「什麼啊，比起大費周章跑大老遠，研究眼前的動物輕鬆多了，而且這不是更好玩嗎？」試著調查過後，我發現鳥的步行研究意外地少。沒什麼人做這類研究，這點我也很喜歡。因為大家都在做的研究，就不需要我加入了。我想，明明很好玩卻沒有人在做的事，才有我努力奮鬥的價值。因此，我就想說「好，來試著研究人跟鳥類的步行吧！」一開始就先從鳥的步行有什麼特徵開始調查。

那時朋友們也同樣在煩惱研究主題，我跟朋友經常互相討論彼此的研究進展，有時也會因陷入瓶頸而互相安慰。每當我說出「我想試著研究鳥的步行」時，大家一定會問我，為什麼鴿子會擺頭？

大家都異口同聲地想知道擺頭的原因，而大家如此好奇擺頭，也讓我非常驚訝。我自己原本對擺頭沒那麼有興趣的（當然現在比誰都更有興趣），但既然大

家都問我擺頭的原因，我就先研究看看吧！當時我是這麼想的。實話說，我不否認自己當時有一半是為了好玩，而就這樣隨意展開的研究，也沒想到最終會持續10年以上。

但是，不論是什麼主題，只要認真以待，便會因為意外的深奧而入迷。當我試著研究後，就發現鳥類擺頭的理由多得令人震驚。下一章就來繼續介紹這趟解謎之旅吧。

4 鴨子為什麼不擺頭？

話說，大家知道走路時不擺頭的鳥嗎？像鴨子跟海鷗的同類，大部分走路時都不會擺頭。牠們爲什麼不擺頭呢？「鴿子爲什麼要擺頭走路？」跟「鴨子爲什麼不擺頭走路？」乍看似乎是一樣的問題，但後者聽起來就很奇妙。至少我從來沒遇過好奇鴨子爲什麼不擺頭的人。明明在意鴿子爲什麼擺頭的人倒是很多，爲什麼會這樣呢？

恐怕是因爲，我們人類走路時不會擺頭吧！我們會好奇跟自己不一樣的人，像是「爲什麼他要做這種事？」而感到奇怪，但就不會在意跟自己一樣的人。所以「跟我們人類不一樣」而搖著頭走路的鴿子，就會讓我們在意；而「和人類一樣」不擺頭走路的鴨子，就不會太在意吧。

但是，鴨子跟人的身體有很大不同，生理系統也差很多。只是剛好一樣不前後擺頭走路，只因爲這樣就說我們人跟鴨子的走路方式「相同」，怎麼想都很奇怪。如此一來，就像在意鴿子擺頭的原因一樣，我們也開始在意起了爲什麼鴨子不擺頭。雖然就算不知道，對生活也沒什麼影響啦。

那麼這次就來想想，鴨子跟海鷗爲什麼不擺頭吧。擺頭是爲了仔細查看周圍或是掌握距離感，還有走路時可以更好地掌握平衡感，這些前一章已經介紹過了。也就是說，不擺頭的鳥兒們，就不需要查看四周嗎？還是說，牠們走路的平衡感就比較不好呢？

身體構造不一樣？

首先，我們來看看牠們的身體構造吧！像前章說明過的那樣，視軸橫向這個身體特徵跟鳥的擺頭有關，另外就是相較頭骨尺寸很大又不是球形的眼球，還有相對身體而言尺寸較小的頭骨、沒有牙齒的輕下顎（也就是喙），長又靈活的脖子等。但是這些特徵都是鳥類共通的，是爲了在空中飛而演化出來的，所以鴨子跟海鷗都有這些特徵。

鴨子和海鷗也像鴿子一樣，視軸是在側面，鴨子跟其他鳥類相比，眼球稍微小一點，但跟哺乳類相比還是很大。而且海鷗或同樣不擺頭的鴴，眼球都沒有特別小，所以不擺頭的理由應該跟視軸方向或眼球大小沒有太大關係，脖子比較靈活也很難稱得上理由。鴨子與鴿子相比，脖子不僅沒有比較短，甚至還更長，脖子的骨頭數量也比較多而更靈活，海鷗則是脖子長度與可動範圍跟鴿子是差不多的程度。

如此一來，看來要從體態找出鴨子或海鷗不擺頭的理由就很困難了。這也沒錯，如前章所介紹，如果把鴨子抓起來前後上下搖動，牠們的頭部不會動，會透過脖子伸縮來調節。果然鴨子也不能充分活動眼球，所以一樣必須透過脖子的活動來補足才對。

或許鴨看不到周圍？

那麼如果假設牠們沒有好好在看四周，又會是如何呢？但是「牠們眼睛那麼大，卻沒在看東西耶！」這樣的說法，怎麼想都覺得對鴨子跟海鷗很失禮呀！我也是愛鳥人士之一，怎麼也說不出這種話。

所以我們試著假設「看的地方不一樣」。例如，要是看著電車窗外流逝的景

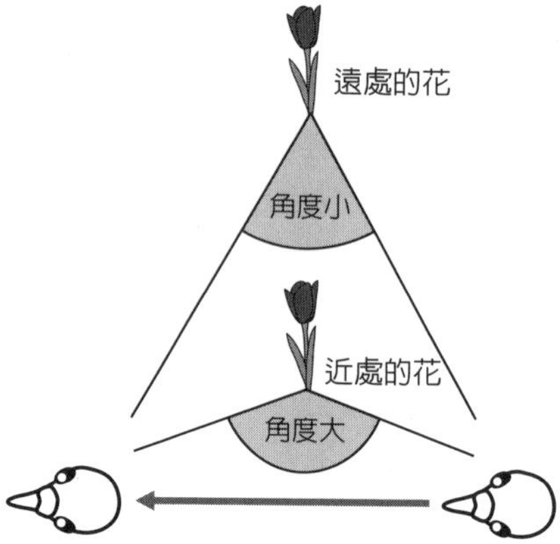

圖 28　鴿子的移動方式及看的方式的變化，近處的東西與遠處的東西相比，觀看角度變化更大。

色，近處的東西會移動得比較快，而遠處的景色就會感覺移動得比較慢。

另外，走夜路時房子跟電線桿會漸漸往後方移動，但天空中的星星跟月亮卻感覺沒有改變位置，彷彿月亮跟星星追著自己跑一樣。當然，月亮是不可能追著自己跑，只是因爲星星或月亮離我們實在太遠，只移動一點點距離，我們根本感受不到變化而已。

關於遠處的景色幾乎沒有變化這件事，就如同圖28所說，只要看到角度變化就很容易理解了。圖中表示出了鳥在移動的時候，遠處跟近處各自看到的角度變化。就算移動了同樣的距離，近處的東西如果不大幅改變角度，就無法一直看見，而遠處只改變了小小的角度，就可以一直看到。也就是說，角度變化愈大就感覺移動愈快。

因此，我們試著假設鴨子跟海鷗邊走邊看向遠方，這樣一來步行造成的角度變化應該就會很小，所以就算不擺頭也可以清楚看到也說不定。相反地，如果愈是往近處看，那就愈需要邊擺頭邊讓頭部靜止才對。但是鳥類到底在看哪裡，這個要怎麼樣才能確認呢？能直接問牠們是最簡單的，但當然這是不可能的事。我們只能仔細觀察牠們的行動並加以推測而已。

偶爾不擺頭的鷺、偶爾擺頭的海鷗

所以我跟共同研究者一起觀察了鳥類擺頭的狀況。總之就是先澈底觀察鳥走路的樣子，到底什麼時候會擺頭？什麼時候不擺頭？並試著整理出來。

觀察後，我們首先注意到的是，會擺頭的鳥類比想像中還要更多。意外地，不擺頭行走的鳥比較少見，而且不可思議的是，會擺頭的鳥無論何時都會擺頭走路，而不擺頭的鳥也是一直不擺頭走路。

順帶一提，要是繼續觀察下去，就會發現也有鳥是時而擺頭、時而不擺頭。像是鷺類就是邊擺頭邊走路比較多，但偶爾也會突然不擺頭走路。而海鷗類平常是不擺頭走路，但偶爾不知道什麼原因就會突然擺頭走路。牠們到底在什麼時候會擺頭，什麼時候不擺呢？

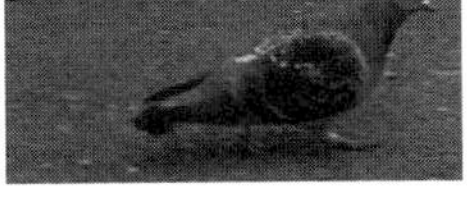

鷺類「不知為何而走動」？

首先，試著觀察鷺類的話，岩鷺會在幾乎沒有動物可以吃的沙灘上，銜著小樹枝一邊搖搖晃晃走動，但不會擺頭。另外，蒼鷺在多摩動物園的非洲園區，以悠閒的樣子在那被長頸鹿等動物用力踩踏過的地面上到處走動時，也不會擺頭。牠們的共通點就是不知爲何而走動。

但是什麼叫做「不知爲何而走動」呢？要說明這件事意外地困難，勉強要說的話，就是感覺沒有特別明確的目的而走路。前面提到的岩鷺會在沙灘上銜著小樹枝，有時又會放開樹枝，花上很長一段時間這樣緩慢地走來走去。要說是拿樹枝做巢，那材料可能也有點太大了，而且好像也沒有這麼認眞的目的，雖然這可能只是主觀的想法，但可能是因爲很閒，所以嘗試銜著小樹枝，因爲沒有什麼事要做就又放開了，看起來會給人這種感覺。

但是這種描述實在太不客觀了，所以爲了測試，我們也試著觀察牠的步行速度或走路環境、是否在找餌（喙會啄食地面）等，試著找出跟擺頭動作的關聯性。如此一來，就會發現跟步行速度或走路環境無關，看來是沒在找餌的時候就不會擺頭。

謎團全部解開了!?

觀察鷺類時，隱約察覺找餌跟擺頭的關係，這在某次觀察紅嘴鷗時確定了。紅嘴鷗平常是不擺頭的，但有一次觀察到牠一邊擺頭一邊啄食腳邊的餌的樣子。牠在千葉縣的谷津干潟這個地方，把腳浸在水中，非常明顯地在看腳邊，並且邊擺頭邊緩步而行，有時喙會插入水中，彷彿在捕食小動物般，想必是在找尋獵物。

得知紅嘴鷗的這種行動後，每次觀察紅嘴鷗的舉動時就特別留心，於是就發現牠也會在草地上找蟲子並且擺頭走路。偶爾停下時會轉動頭，然後又會再度擺頭開始走動。有時從草地上飛起小小的蟲子時，也會觀察到牠跑步去追的樣子。這種時候果然是在找尋獵物。不管是腳踏入水中或是踩在在草地上，紅嘴鷗在找尋腳邊的獵物時就會擺頭（圖29）。

「這個事件的謎團已經全部解開了！」某漫畫的偵探應該會這樣說吧。一旦發覺擺頭跟捕食行爲之間的關係，眞相就彷彿霧散開那樣地明朗了。雛鳥和鴿子、還有鶴跟西方秧雞、鷺和東方白鸛、鷚等等，這些擺頭走路的鳥兒們，都是

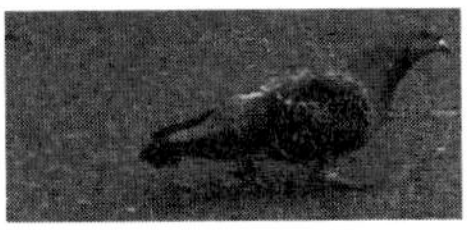

①伸出脖子

②脖子收回而
頭不動

③脖子更加縮回
而頭不動

④脖子再度伸長

圖 29　鴿子擺頭（左）跟紅嘴鷗擺頭（右）。
＊是①～④之間一直著地的腳，兩種鳥的腳的動作跟擺頭時機完全一致。

邊走邊找食物並啄食的鳥類。牠們找的食物像是植物種子、會游動的魚、昆蟲等，各有不同，但是邊走邊找腳邊的食物是共通點。邊走邊看腳邊這麼近的地方，角度變化會很大，也會感覺近處的東西移動得更快才對。而且，要發現食物還有正確地啄食，就需要視覺上的穩定性以及掌握正確的距離感。

相反地，不擺頭的鴨子或海鷗，幾乎不會邊走邊找尋食物。鴨子主要是邊游泳邊找餌，而海鷗是透過游泳、或是飛向水面附近的魚來捕食。牠們在陸地上時基本上都是在休息，沒有走路的必要。就算要走，也不是邊走邊找餌。因爲不需要邊走邊找食物，所以不用看近的東西，視覺上的穩定性或是距離感掌握，也不是那麼重要。

那麼，看來也不用特地花費一章分析，鴨子爲什麼不邊擺頭邊走路的理由就已經找出結論了。也就是說，不擺頭的鳥，是因爲不需要邊走邊找腳邊的餌。因爲不用看近的東西，所以不需要讓頭部靜止來避免視覺模糊。

鴿子是近視的可能性

鴨子不擺頭的理由雖然找出來了，但還有一件不可思議的事：擺頭的鳥類一

直都會擺頭。開始研究鴿子至今十幾年，每次看到鴿子都會試著看看牠們是否會不擺頭走路，然而我一次都沒看到過不擺頭走路的鴿子。雞或綠雉也是，總是會擺頭。牠們應該偶爾也會看著遠方走路吧，為什麼一直都要擺頭呢？

我自己也稱不上完全掌握了這個問題的答案。但考慮到其中一個可能性，或許是視力的問題。有研究表示，雞為了要覓食腳邊的小小植物種子，所以視野下半部的焦點可能非常近，類似於近視，上半部則可能有點遠視的感覺，所以焦點是在遠處。這樣的機能是為了找近處的食物，同時也可以警戒上空飛翔的鷹、鷲等掠食者，可以說是相當實用的眼睛，由於視野下半部是近視，或許也是因為這樣，所以牠們才總是看著腳邊也說不定。因為常看著腳邊附近，所以只在乎這些是很正常的事，擺頭的鳥兒們可能就是因為視力的緣故，所以總是不禁擺頭也說不定。

關於鳥類的視力，很可惜地並沒有系統性的研究，但可以知道牠們的視力根據種類也有很大的不同，眼球形態也很多樣。舉例來說，從很高的地方急速下降來抓老鼠等小動物的猛禽類眼球，視軸方向很長，形狀難以形容（圖30右），而不會從上空找餌的小鳥的平坦眼球（圖30左），形狀就完全不同。像這樣眼球形狀的差異，主要是與「鳥類若需要在超高速移動的同時，持續確認獵物情況，因此不斷調節焦點的能力驚人地發達」有關。

就像這樣，眼球的形狀跟視力，或許跟鳥的行動有關也說不定。鴨子跟海鷗的視力和鴿子或雞是否不同，現在還不清楚，但往後擺頭的鳥跟不擺頭的鳥要比較視力的話，或許可以從眼球形狀來找到擺頭的原因也說不定。

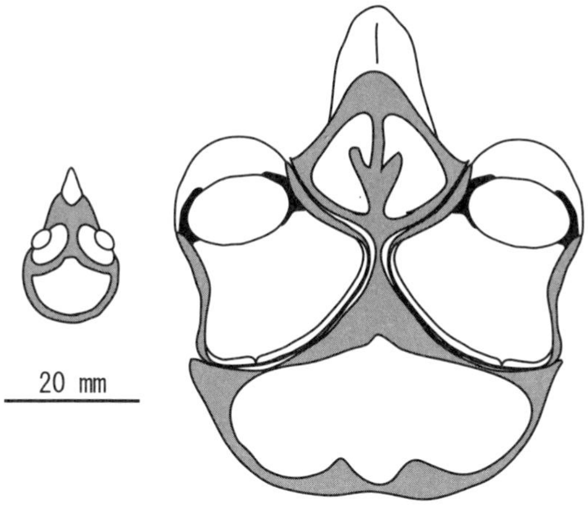

圖 30 山雀（左）跟鴞（右）的頭部模式圖，眼球大小跟形狀都差很多。

鴨子小步小步走

然後，最後應該討論的，是前章也提過的步行穩定性問題。如前章所說，鴿子跟小白鷺的擺頭，會在讓步行穩定性高的時間點進行，如此一來，不擺頭的步行就會欠缺穩定性。

但是鴨子跟海鷗的步行，當然也需要穩定性才對。要是步行不穩定，一直跌倒也不行吧？但是牠們不會那

麼輕易就跌倒。這是不是因爲牠們用了不是擺頭的其他方法，來加強步行的穩定性呢？

舉例來說，讓腳更常動，也就是「小步」走，這樣的話兩腳著地的時間就會更長，穩定性也會比較高。

實際上根據我們調查的情況，不擺頭的尖尾鴨、還有在不擺頭狀態的紅嘴鷗，牠們一步的距離，跟會擺頭的野鴿或灰椋鳥相比要短得多（圖31左），而且是高頻率地邁步（圖31右），也就是「小步」走動。而且紅嘴鷗擺頭的時候跟不擺頭的時候相比，不擺頭時是「小步」走路。結果可以看出不擺頭的時候會用「小步」走，而擺頭的時候則會大步前進。更進一步地說，不擺頭的鳥可能傾向兩腳著地時間更長。（圖32）

當然，不能光靠這結果說明全部的事，看看鴨子的走路方式，牠們透過邊左右擺動身體邊走路，來讓重心在左右腳上交互移動並達到穩定的作用。不管怎麼說，鴨子看起來像是搖搖晃晃地走路，一定是因爲取得穩定性的方式跟鴿子有所不同。鴨子用鴨子的方式，海鷗用海鷗的方式，鴿子則用不同的方法來讓步行穩定。而要提高穩定性的方法，也不是只有把頭前後擺動而已。

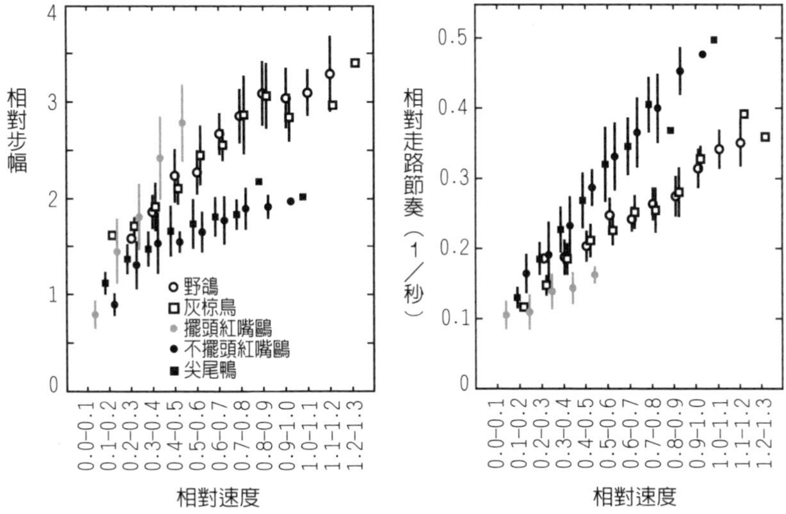

圖 31 依據走路速度比較各種鳥的步幅（步伐大小）跟腳的移動次數（節奏）是如何變化，左邊是步伐長，而右邊是步調快慢的比較，無論哪個值都是相對於腳長的數字，不擺頭的鳥類（黑色）步伐較小，而腳的邁步頻率也有較多的傾向。

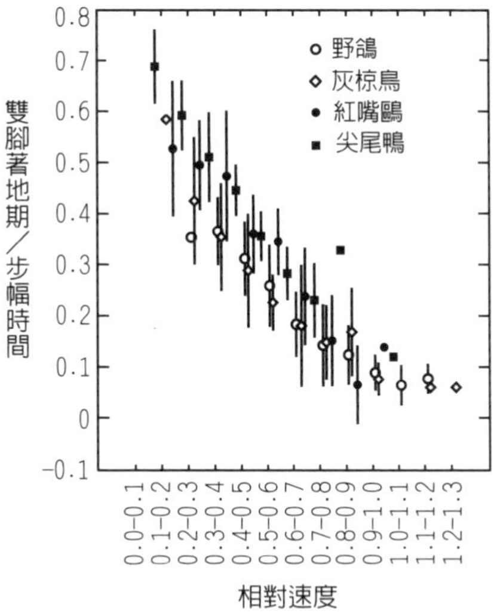

圖 32 比較不同種類的鳥，在步行中兩腳著地的時間比例會根據走路速度如何變化。不擺頭的鳥（黑色）兩腳著地的時間相對較長。

擺頭的理由，在此總結

那麼，介紹了這麼多擺頭的理由，差不多也該來做個整理了吧！

擺頭首先是跟觀看景象的方式有關。因爲鳥類不能充份運動眼球，視軸又是橫向，爲了減少視覺模糊，會頻繁移動脖子來調整頭的位置。這是擺頭最重要的理由。

接著，走路時如果擺頭，擺頭的頻率會在可以提高步行穩定性的時間點進行，實際上擺頭的鳥兒們會採取步伐較大、邁步次數比較少的走路方式。與此相反，不擺頭的鳥會用小步快走這種較頻繁邁步的方式走路，兩腳著地的時間較長，也能確保穩定性。

然後用更進一步的觀點來看，邊走邊找食物或是啄食類型的覓食行爲，似乎跟擺頭走路有關。像這類的覓食行爲，應該是因爲需要近距離的視覺資訊，所以需要具備減少視覺模糊的方法。

鳥類鴿化計畫

那麼，都已經這麼了解擺頭的理由了，接下來就想來驗證假說了。要從哪裡開始驗證這一連串的假說，首先就從至今爲止尚未被驗證過的「覓食跟擺頭之間的關聯」。

在此我提出了鳥類鴿化計畫。透過改變腳邊餌的密度，來讓所有鳥類都像鴿子那樣走路。鴿子本來就會邊走邊擺頭來找尋腳邊的餌，所以我就想，是否無論哪種鳥，同樣要找餌的時候，就可以誘發出像鴿子一樣的擺頭行爲？

因爲要找腳邊的食物，所以餌的密度最好是偏高一點，舉例來說，每5～10步就有一個餌這樣的密集度，對於邊走邊找食物來說很理想，而餌的大小也不能太大，仔細看才看得到的大小比較適合。一開始的目標就是那些既擺頭又不擺頭的代表鳥種——紅嘴鷗會比較容易進行吧！

當我正試著找尋符合以上條件、飼養紅嘴鷗的地方時，剛好找到條件符合的多摩動物公園的紅嘴鷗飼育小屋。飼育小屋的地板一部分是短草皮，其他地方是沙地。地板上灑有飼料用的黃粉蟲，剛好很適合。

好極了，沒想到可以這麼早就開始著手鳥類鴿化計畫，我日復一日地觀察紅嘴鷗。但是，跟我的期望大幅偏離，紅嘴鷗們會停下來找餌，並沒有如理想般邊

走邊找。只有其中一次錄下了紅嘴鷗邊擺頭邊走了三步的樣子，但經過斷斷續續觀察幾小時，也不過是得到這樣的成果而已。一般來說，所得出的結論就是失敗了吧！餌的密度可能太高了也說不定，或者是草地面積太小了也說不定。某種程度上得製造出讓牠們在大範圍裡找餌，必須邊走邊找的條件才行吧。總有一天，等重新檢討過作戰計畫後，我想再嘗試一次更正式的實驗。

專欄　漢堡的紅嘴鷗的鴿化

恰逢鳥類鴿化計畫失敗而讓我受到打擊之際，我去了德國漢堡的國際鳥學會。當時我剛好整理完觀察紅嘴鷗在泥灘擺頭步行的成果，希望讓更多研究者知道這個成果，所以決定去發表了。

在學會前一天，我前往當地並在附近散步，因為是第一次造訪歐洲，所有事物看起來都很新鮮，磚瓦建築一字排開，那美麗的街景讓我很感動。會場附近的公園有很多高大樹木，能夠看到很多鳥，是那些如果在日本本州，不去山上就很難看到的茶腹鳾，或是喉嚨顏色很美的歐亞鸜的同類。

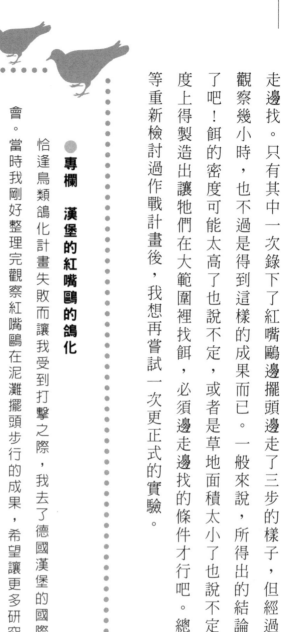

我開心地到處走動後，看到有一位中年大叔在街角灑麵包屑。這在上野公園圍起圍欄前是很令人熟悉的光景（現在被禁止了），我微笑著欣賞這幅畫面，一邊想著「世界各地都有愛鳥的人們呢！」然後受到了衝擊。大叔的腳邊正在啄食麵包屑的鳥，竟然就是紅嘴鷗，而且還一邊擺頭一邊覓食！

一定沒錯，在漢堡的紅嘴鷗已經鴿化了。那時候的我受到的衝擊，真是筆墨難以形容。自己以專家身份進行的實驗，竟然被恐怕連擺頭行為的理由都不知道的德國大叔給簡單地實踐出來了。

我的自尊心可說是在學會發表前一天粉碎了，但與其說要詛咒科學的無力，不如說是詛咒自己的無力，然後對素未謀面的德國大叔抱持了深深的敬畏之心。總有一天我得做出超越那個大叔的實驗啊，在國際學會前一天，我打從心底深深發誓。

結束！

5 不擺頭，而擺動其他地方

在第三章跟第四章，我們已經仔細介紹了擺頭的理由。不過是個擺頭動作，結果有許多不可思議的地方，要是不從多種觀點來思考，就無法解開這些謎團。雖然至今只關注了擺頭，所以都只談論鴿子或雞，但稍微冷靜點思考後，或許各位也可以理解，要是著眼不擺頭步行的鴨子或海鷗等，或許也會有新發現也說不定呢！

最後這一章，爲了擴大視野，我們就來廣泛聊聊擺頭等各種鳥類的行爲吧。

彈跳時會擺頭嗎？

第二章曾介紹過麻雀會彈跳，那麼麻雀在彈跳時會擺頭嗎？

如大家所知，麻雀也會在地上啄食腳邊的餌，如此一來，感覺麻雀可能也會擺頭吧。但實際上牠們卻不會，為什麼呢？

恐怕是因為彈跳的移動速度很快吧。鴿子或雞跑步時，頭也不會擺動，要是移動得越快，擺頭的頻率就得跟著增加才行，但是頻繁前後擺頭來保持頭部靜止不動，愈是加速運動就愈困難。擺頭的鳥兒們要是移動速度上升，擺頭也會變得困難，所以就不擺了。

那麼麻雀要怎麼邊彈跳邊找餌食呢？

就是停下來找。觀察一下就會發現，牠們咚咚咚地跳完後，頭會轉來轉去啄餌，周邊如果有很多餌的時候，牠們會暫時垂首在那周邊持續啄食。這時候偶爾也會走個一步兩步，然後要是再跳個一下時，牠們就會擺頭了。伸出頭來跳躍，著地時將脖子縮回來，保持頭部靜止。

鴴覓食不擺頭

鴴也跟麻雀一樣，會直接一口氣移動再進行覓食。牠們會在泥灘等地方捕食渮沙蠶這類小動物，所以會長時間站在一個地方不動。牠們會看向四周，然後突然地跑起來，如果好奇牠想幹嘛而盯著看，就會發現牠在跑去的方向啄食小動物。跑步時當然不會擺頭，牠是用單眼盯著目標，然後跑過去。

但就算是在同樣環境下，同樣是捕食小動物的鳥類，鷸的同類就會一邊擺著頭一邊很拚命地走動。有時會抓到小動物，有時會因獵物跑掉而跑步追趕。在沖繩縣伊良部島的濕地上，有人偶然觀察到青足鷸要抓捕獵物時，跑了好幾步的樣子。結果很厲害的是，牠們在這種時候也不忘擺頭，即使連自認是專門研究鳥類擺頭的學者的我也不禁感到佩服。

在同樣環境下捕捉同樣的獵物，為什麼覓食方法會有這麼大的不同呢？原因至今還不知道。體型大小或腳長可能會讓覓食效率有所不同也說不定，但很不好意思的是，我現在還沒想到能解決此問題的辦法。但是就算在相同環境捕捉相同獵物，是否「邊走邊找獵物」就決定了鳥類是否會擺頭，唯有這一點還勉強能維持我專家的自尊心。

黑背信天翁的奇妙擺頭行為

接下來，我來介紹一個神奇鳥類，牠的擺頭動作跟先前提到的完全不一樣。那就是黑背信天翁的擺頭。

就算沒聽過黑背信天翁的名字，如果是短尾信天翁，大家應該都知道吧？這種鳥因爲人類想要牠的羽毛而遭到濫捕，導致一度面臨絕種的危機，但後來個體數又奇蹟似地恢復而聞名。在個體數上升的背後，有許多努力至今的關係人士不遺餘力的付出。但本書是跟鳥類運動有關的書，所以不會談論短尾信天翁復活的奇蹟戲碼，我們要說明的是短尾信天翁的走路方式。黑背信天翁是比短尾信天翁稍微小一點的近親種，於小笠原群島等太平洋的島嶼上繁殖。

有一次，森林綜合研究所的川上和人等研究者，給我一個影片，還說：「你是研究擺頭的人，那就試著解釋一下這個擺頭吧！」我想著這是什麼啊，一看發現是從側面攝影黑背信天翁走路的影片。剛好那時候川上先生正在研究黑背信天翁，所以才拍下這麼棒的擺頭影片吧。

我看完影片後十分震驚，沒想到黑背信天翁走路時，不是前後擺頭，而是上下擺頭。

當時的我可是相當自負自己對鳥類擺頭了解甚多，結果沒想到世上竟然有我完全不知道的鳥類擺頭行爲。在震驚的同時，我也興起強烈的興趣，我很不甘心竟然被找出了自己未曾見過的擺頭，然後馬上開始想知道會這樣擺動的理由。

圖 33　像是在寫 V 字那樣擺頭的黑背信天翁，伸出左腳時頭會往左上方伸出（照片②），伸出右腳時會把頭往右上方伸出（照片④）

V字擺頭的意義

我反覆觀看黑背信天翁的影片，首先注意到牠不是單純上下運動，也會左右擺頭，只是抬頭的時候會是傾斜身體，往斜外方向的上方伸出脖子，把頭低下來時則是反方向。然後再度抬起頭的時候，頭又往反方向的外側再度抬起頭，不斷重覆這樣的動作，從正面看就覺得頭像是在寫一個V字一樣。（圖33）

那麼，這種V字動作到

底有什麼意義呢？

試著找了討論短尾信天翁的行爲的書，上面寫著「展示行爲（Dsipaly）」，也就是跟異性求偶，或是對其他個體主張地盤一類等等，動物向其他個體傳達某種訊息的行爲。

一般在大洋上飛翔、在海洋上度過大部分時間的黑背信天翁，落到地面步行時，大部分都是爲了繁殖。實際上像小笠原群島這種小小的無人島上，信天翁類會以驚人的密度進行繁殖。有句日本俗諺說，狗走在路上隨便都會撞到棒子，而在這座沒有掠食者的小小無人島上，不管是誰走在路上，怎樣都會撞到信天翁吧。在這種情況下，黑背信天翁要走路的話，幾乎可以說是一定會看到其他個體出現在自己視線範圍中，自己也會跑進別人的視野裡。所以，或許牠們時常一面「Display」一面步行也不奇怪吧！

即使如此，這種像是要推開、打斷兩側的動作，即使在明顯沒有其他個體存在的情況下，牠們也還是會進行V字擺頭，這就顯得很不可思議。是不是牠們的V字擺頭也對步行有幫助呢？還有，就算是多麼無意義的動作，只要是不符合力學或是神經生理學的動作，平常也沒辦法一直做吧？

意外合理？

那麼，我們觀察一陣子後，雖然覺得這是不可思議的動作，但也稱不上是不自然的動作。試著模仿黑背信天翁的動作後，做起來也沒有那麼辛苦，當然，我跟黑背信天翁的身體構造有很大的不同，身體比例也不一樣，雖然說是模仿，但只是看起來相似的動作而已，但「看起來相似的動作」也不怎麼辛苦就能完成。這樣一想，就只覺得「還好我這個樣子沒被人看見」，還有「黑背信天翁的動作，其實在運動力學或是神經生理學上，應該是合理的才對吧？」

仔細看黑背信天翁的走路方式，伸出右腳時脖子會往右上方伸出，伸出左腳時脖子則是往左上方伸出，跟鴿子擺頭一樣的是，一步會伸一次，脖子上下擺動的行爲在神經生理學的觀點來看是很容易動作的。就像第三章介紹的那樣，步行這類週期性行爲，會從中樞神經系統給予指令，脖子跟腳的動作會互相關聯並受到控制。

另外，從運動力學角度來看，這動作也是合理的。伸出右腳的時候，重心會移動到右腳上，這樣比較容易取得平衡。爲此有必要讓整個身體往右側移動，而脖子就這樣往上伸長的話，就會變成是往右上方抬頭的動作了。

黑背信天翁跟棒球選手

棒極了，看來黑背信天翁的擺頭挺合理的樣子，就跟我預測的一樣。我心中竊笑著，某天，偶然讀到神經生理學的書上寫了一件前人做過的有趣的事。那是日本的神經生理學者福田精在1943年時做過的測試。

福田從失去部分大腦機能的動物身上，也就是被視爲生病狀態下才會出現的姿勢反射中，找出人類在日常生活中會出現的動作。他從運動選手等人的許多姿勢中，發現有些四肢伸展動作可以用姿勢反射合理說明，並放上具有說服力的圖示來寫成了論文。

我可說是慢很多拍地到了21世紀才知道他的成果。不由地覺得「原來如此！」而這類姿勢反射，我認爲也可以從動物平常的姿勢中窺見一二。根據福田的介紹，可以看到許多姿勢反射實例，例如「四肢緊張性頸反射」，就寫著「以身體長軸爲軸心，將頭部固定在頸部旋轉大約90度的位置，鼻尖朝向的前後肢的伸展張力增強，對側的前後肢的伸展張力減弱。」黑背信天翁的擺頭就跟這個描述一致。

牠們的脖子往右上方伸時，喙也會往右傾。此時鼻尖也就是所謂的喙會往同側的右腳伸展，反對側的左腳則會屈起。

福田在1943年的論文刊登了這張棒球選手的圖作爲一例，嘗試跟黑背信天翁的擺頭步行放在一起比較看看（圖34），棒球選手跟黑背信天翁竟然還挺像的。除了黑背信天翁的五官是眼影很重、臉很長的樣子，其他沒有什麼不同吧。

圖 34　跳起來接球的棒球選手（左）和擺著頭走路的黑背信天翁（右）。乍看沒有關聯的兩者姿勢驚人地相似。

看來黑背信天翁的擺頭雖然不可思議，但不是什麼難以達成的姿勢。

說是不怎麼難，但還是沒辦法說明上下擺動頭部走路的理由。說起來爲什麼牠們要上下擺頭才行呢？用展示行爲（Display）也是可以簡單帶過這個問題，但也可能有其他原因。

現在這個階段，我還沒有辦法完全回答這個問題，但只要不斷思考下去，總有一天會找到新的答案也說不定。

游泳時會擺頭的小鸊鷉

其實，也有鳥會在游泳時擺頭。那就是小鸊鷉（圖35）。這是一種小小的水鳥，將幼鳥背在背上游泳的樣子，可愛得讓人想咬一口。可以在東京井之頭公園的水池裡看見牠們的身影。如果坐船去玩的話，甚至可以近距離觀察，然後便可以看見牠們一頭栽入水中消失。如果因爲牠們一直沒出現，而在意地尋找起牠們的身影，便會看見牠們從意想不到的地方忽然鑽出水面。牠們是潛入水中捕食小魚。

圖 35 漂浮在池塘中的小鸊鷉。當你放鬆警惕，牠就會潛入水中消失。照片提供／樋口廣芳

小鸊鷉在水面游泳時，有時會擺頭。牠們爲什麼要邊游泳邊擺頭呢？幾乎沒有人研究這件事。明明很多人會在意鴿子的擺頭動作，但小鸊鷉的擺頭卻沒有人在意，這是爲

什麼呢？是因為鴿子跟小鷿鷈容易遇見的程度不同嗎？不管這些，自詡研究擺頭是日本第一學者的我，可不能放著這個狀態不管呀！

接著，某一天，我去井之頭動物園的水槽一看，可愛的小鷿鷈在水中努力追著小魚。然後我發現牠們這個時候也在努力擺著頭。

既然注意到了，也就只能從研究鴿子擺頭的經驗，來試著解決這個問題了——當我正打算著手研究卻還沒找到辦法時，東京大學（時任）的樋口廣芳教授聯絡我，問我能不能擔任大學生的畢業研究指導老師，然後介紹了郡司芽久同學給我。他對擺頭似乎非常有興趣的樣子。如此一來，我就請他進行小鷿鷈的研究了。

首先，先仔細觀察小鷿鷈在水中擺頭的樣子，於是發現跟在陸地時一樣，脖子彎曲時頭會靜止。脖子彎曲到某個程度時，脖子會伸直並讓頭部前進。潛水中的擺頭似乎也跟地面上的步行原則上屬於同樣機制。果然小鷿鷈是靠視覺來認出獵物的。

然而事實上，鳥潛水時的視力，跟在水中的我們幾乎沒有什麼不同。例如和小鷿鷈一樣潛入水中捕魚的鸕鶿，牠們在水中的視力跟人類在水中的裸眼視力幾乎沒有什麼差別。既然在水中的視力不怎麼樣，那牠們要怎麼看見魚並捕食呢？

其中一個可能性，就是盡可能湊近看，就我們的觀察，小鸊鷉潛入水中時有時擺頭、有時不擺頭，而擺頭的時候是爲了好好讓頭靜止不動。這顯示出跟鴿子一樣，小鸊鷉也是在找尋近距離的獵物。擺頭步行的研究，可以發現愈是近距離看，擺頭就愈重要，所以就算水中視力較弱，但與找尋近處的獵物這件事並不矛盾。

接著我們還能說，小鸊鷉潛水時的擺頭，在運動力學上也是符合道理的。牠們用腳踢水來獲得推進力時，脖子也會伸長。跟步行不同，游泳時兩腳會同時踢（只動單腳的話前進方向有時會改變），這樣就不會像步行那樣旋轉。但是，伸脖子會讓身體變長，水的阻力也會變少，更容易前進，果然擺頭是在一連串游泳動作中，在適當時機下進行的行爲。

上下擺頭的鳥類

也有鳥無論是走路、游泳，或是靜止不動時都會上下擺頭。例如翠鳥，牠是一種有著鈷藍色美麗羽毛的小鳥，牠們會靜靜站在河邊或池畔等地方不動，然後飛入水中捕魚來吃。都市的河邊也可以很普通地找到牠們，姿態又可愛又美，所以十分受歡迎。

那麼，觀察翠鳥後，就會發現牠突然舉起頭，之後又縮回去的動作。這一連串動作到底是怎麼回事？

事實上，這是爲了比較容易看清因爲光反射而不容易看到的水中獵物或天敵。我們要是想看河或池中的魚時，有時會因爲光線在水面上的反射，而沒辦法看得很清楚，此時如果改變頭的位置，有時就能看清楚。就跟那個行爲一樣，翠鳥也會上下擺頭。

同樣垂直擺動頭的鳥不是只有翠鳥，就我的觀察範圍裡，小環頸鴴或東方環頸鴴、青足鷸也一樣是垂直方向擺頭。恐怕其他鷺類或鴴類也有很多這麼做的鳥吧！總之，就是那些爲了抓水面下的小魚或是泥灘的小動物的鳥兒們。即使是泥灘，上面也還是會留下不少水，在太陽光反射下經常會不容易看到獵物。此時，牠們就會突然上下擺動頭。這時的擺頭與視覺及覓食行動有深深的關聯。

恐龍也會擺頭嗎？

在學會或講座提到擺頭的話題時，有許多聽衆會問各種問題。「〇〇（鳥名）會擺頭走路嗎？」或是「我自己有在研究〇〇（鳥名），但我認爲牠不會擺頭，您覺得呢？」這類問題比較多，但偶爾會被問到「恐龍會擺頭嗎？」已經滅絕的恐龍的動作是不可能觀察到的，只能從體型特徵推測。從第三、四章的結果來說，恐龍頭小、脖子很長且靈活、眼睛大且視軸方向爲橫向，或許相當有擺頭走路的可能性。我不是恐龍專家，所以就算被問「那是哪種恐龍呢？」也回答不上來。隨意翻了兒童的恐龍圖鑑，看過好幾種有這些特徵的恐龍。根據最近的研究，恐龍是鳥的祖先這點已經幾乎毋庸置疑了，如此一來，就更有可能會擺頭了。

但是，要跳到結論之前，我們有些事情要先考慮。那就是恐龍究竟是如何進食的呢？先前提到，會用眼睛找腳邊餌食的鳥種會擺頭步行；鴴的同類則是會站在一個地方，然後環顧廣大範圍，再跑向看到的獵物並捕食，這種時候無論有著怎樣的眼睛、頭或脖子，都不會擺頭；在水邊停著找尋獵物的翠鳥或小環頸鴴，會爲了避開光反射而上下擺頭。根據條件跟覓食行爲不同，鳥兒們可能會擺頭，也可能不會，也會有不一樣的擺動方式。這一點恐龍應該也一樣吧！要是認眞想知道恐龍會不會擺頭，那就得仔細思考牠們的覓食行爲。

看看暴龍這類肉食性恐龍的復原模型，看起來好像不會擺頭。而超龍這類超大型恐龍，雖然脖子很長、頭也很小，但因爲把脖子水平向外伸出，嚼著樹木的葉子，似乎也不會像鴿子那樣非得邊擺頭邊走路才行。像是似鳥龍這類物種被復原成好像會擺頭的樣子，但也要看牠到底會採取怎樣的覓食行動，要是想找腳邊的餌就會擺頭，要是像鴴一樣是埋伏型的，就不會擺動才對……像這樣只是不負責地覺得某種恐龍會擺頭是很簡單的，但要是開始認眞思考就很困難了。

而且如前述，突然得知黑背信天翁也會擺頭的我，如今對於絕種動物走路是否會擺頭，沒辦法輕易就下結論。即使是現存的鳥種，有時也會不照我的意思擺頭。恐龍是很有魅力且有趣的動物，但這麼大的難題對不才的我來說，可能負擔太大了。這話題就點到爲止，繼續討論現存鳥類的運動吧。

鶺鴒走路時會搖尾巴……嗎？

不知道爲何提到擺頭的話題後，還蠻多人會聯想到鶺鴒搖尾巴的事。提到擺頭的話題後，我也很常會被問「那爲什麼鶺鴒走路時要搖尾巴呢？」雖然很想吐嘈「我明明在說擺頭的話題，爲什麼你卻要問我擺尾的問題呢？」但我也不是不能理解從「擺動」來聯想的心情，所以就稍微忍耐一下吧。

鶺鴒是雀形目的鳥，在日本國內比較常看到的是灰鶺鴒、白鶺鴒、日本鶺鴒這三種，在都市中算是比較容易觀察到的鳥種。水邊比較常見，所以如果經過有河岸防護的河邊或公園草地等，經常可以看到牠們一邊發出「嗶嗶」叫聲一邊飛起來的樣子。

如果觀察鶺鴒類一陣子後，確實會發現牠們的尾羽上下擺動個不停，是非常引人注目的動作。鶺鴒的英文是叫作wagttail，wag是擺動的意思，tail就是指尾巴。換言之，英文中鶺鴒的名字意思就是「搖尾巴」。

因為動作很顯眼，所以大家都會在意吧！但要回答鶺鴒搖尾巴的理由之前，我一定會先說「鶺鴒走路時不會擺尾，牠們是擺頭步行的」。要是這樣一說，問問題的人一定會很錯愕。也是啦，那麼明顯就是搖尾巴的鳥，卻被說「沒有搖啊！」聽者一定會搞不懂這人在說什麼。

不會「邊走邊搖」

但是實際上，鶺鴒走路時確實是不搖尾巴，牠們停下來時才會搖，然後走路時就跟鴿子一樣會邊擺頭邊走路。鶺鴒不斷重覆走一小段，停下來後搖尾巴，然

後又開始走的動作。只是因爲搖尾巴的印象太強烈了，走路時又頻繁停下，就被當成是邊走邊搖尾巴了吧！（圖36）

很多人會對這個事實感到意外。但是如第三章所說的那樣，許多鳥會一邊擺頭一邊走路。擺頭的印象會是鴿子走路，只是因爲剛好很多人身邊都很常見到鴿子，而牠的脖子細長的狀態也很容易辨識擺頭的行爲。而且，其實跟鴿子一樣，鶺鴒的走路方式就是典型的擺頭步行。

圖 36　在草地上邊走邊覓食的白鶺鴒。仔細看的話，就會發現牠們沒有擺尾，而是擺頭。

那麼，鶺鴒爲什麼停下來的時候會擺尾巴呢？

當有許多人在意時，大概就會有人去研究了。我的朋友橋口陽子小姐在學生時代就想找出這個原因，所以觀察了日本鶺鴒，並發現鶺鴒是警戒天敵的時候會頻繁搖尾巴。那是對掠食者表示自己「我有注意到喔！」的訊息。

德國學者也發表了同樣的研究結果，他針對白鶺鴒展開調查，研究覓食中（啄食很多獵物時與抬起頭到處看的時候）、還有整理羽毛時，牠是否全都會頻繁地搖動尾巴。結果發現，白鶺鴒在覓食時會頻繁地搖動尾巴，進一步來說，比起啄食的時候，牠在覓食中抬頭、左右轉動警戒周圍時，會更加頻繁地搖動尾巴。

為什麼要「擺頭」或「擺尾」呢？

那麼，說了這麼多鳥類的動作，結果還是回到擺尾或擺頭的話題。對鳥來說，除了擺尾或擺頭以外沒有其他動作了嗎？當然還是有很多動作，只是週期性運動幾乎就只有擺尾或擺頭而已。那麼，爲什麼鳥只擺頭或擺尾呢？

先說答案，對鳥來說，頭跟尾是更容易動作的部位。鳥類軀幹演化成適合飛翔的樣子，因爲小而緊密，所以能動的地方很少。我們可以扭轉身體、像是腹肌運動或背肌運動那樣前後彎曲身體，可以蠻自由地運動軀幹，但是鳥的身體不像我們可以那麼自由地動作。要是軀幹不能動，那能動的地方就是從軀幹延伸出去的部分，也就是手或腳，還有頭、尾巴這些地方了。這四個部分哪個是最容易揮動的呢，我們照順序想看看。

抬起腳就能走，揮動翅膀就會飛

對用兩腳站著的動物來說，揮動腳不是那麼適當的動作，在抬起一隻腳的時候，另一隻腳得維持平衡才行。當然，也不是沒有會搖動腳的鳥。像是小白鷺這種鳥覓食時，就會單腳在水中顫動來追小動物，趁牠們逃走時加以捕獵，但是以大部分鳥類來說，像這樣甩腳的動作算是很特殊的例外。

除了抖腳以外，還有像是搔頭的動作。手變成翅膀的鳥類們，要整理羽毛的時候，能用來梳理身體的部位，就只有喙跟腳了。而大部分的鳥都會用腳處理喙碰不到的地方，除此之外，要再多想像其他鳥兒們搖晃腳的情況，就很難想像出來了。

下一個來思考看看「揮手」動作吧！不用說，以鳥的狀況來說，手就是翅膀。對鳥來說揮動翅膀是很辛苦的動作，因爲翅膀的風阻很大。另外，翅膀愈長，愈能自在地揮動，但同時就更容易撞到周圍的各種東西，像是地面、樹枝，以及草等等，看起來也不是那麼便利。

但也不是說完全不能使用翅膀，像是野鴿之間個體爭鬥時，就會使用翅膀來打擊對手。我以前看過我養的鴿子好幾次被翅膀打。雖然不會痛，但大概是翅膀被打的關係，會發出「啪！」這樣很大的聲音，聽起來很嚇人。但以攻擊來說，不知道能不能算是有一定程度的殺傷力，但以我的經驗而言，似乎相當具有威嚇對手的效果。另外，多數的鳥，幼鳥向親鳥乞求餌食時，會小幅度振動雙翼。還有，有幾種鳥在求偶或宣告地盤時的展示行爲（Display），會邊飛邊揮打左右的翅膀，但像這種例子也不算多。

爲什麼揮舞腳或翅膀（手）的動作會這麼少呢？雖然說起來也是廢話，但要是邁出了左右腳就會走起來，同時揮動左右翅膀就會飛。步行跟跑步是兩腳交互抬起的動作，彈跳是同時抬起的動作。雖然兩翼交互揮動的情況應該是不會發生，但同時揮動的話就是振翅。無論走或是飛，進行這類運動都是相當消耗能量的動作。如果想要更輕鬆地揮動什麼來傳達訊息時，就只剩下頭或尾巴可以選了。

第三章也有提到，鳥的脖子頸椎數很多，又長又靈活，而尾巴也是長又意外地輕，很好活動，所以鳥類當然會選擇動這兩個部位。

順帶一提，至今沒有提到的鳥類們，也經常擺動尾巴。例如磯鷸這種鳥會跟鶺鴒一樣頻繁地搖尾巴，更仔細觀察就會發現，磯鷸常常連同整個屁股一起揮動尾巴，牠們似乎是讓屁股上下擺動，讓末端的尾巴也會跟著上下晃動。其他還有幾種鷸類會搖尾巴或是屁股。在海邊常看見的藍磯鶇，有時會突然把尾巴放下，而西方秧雞的同類，一種名爲紅冠水雞的鳥，則相反地有時會突然舉起尾巴。其他還有像是黃尾鴝這種鳥會小幅度地震動尾巴，或是紅頭伯勞轉動尾巴也很有特色。搖尾方式有這麼多種，看來對鳥來說，搖尾巴果然是非常容易做到的動作才會如此吧！

孤田鷸舞動身體

但是動物世界是很多樣化的，就算想普及某個假說，可說是必定會找到例外，最後，我們就來談談例外中的例外，也就是孤田鷸吧。

孤田鷸是棲息於溪流等地的稀有鳥類，應該很多人沒有看過。事實上我也沒有在野外觀察過牠。只有看過朋友給我的孤田鷸影片。這種鳥不擺頭擺尾，也不晃腳，竟然是舞動自己的身體。

舞動身體是怎麼一回事呢？也就是說，孤田鷸的腳會進行伸展運動，讓身體上下搖動。這時仔細一看，就會發現牠的頭並沒有上下動，第三章我們提到鴿子在單腳站立前進的時候，頭相對於外界是靜止的，就跟那是一樣的情形。孤田鷸在舞動身體時，頭相對於外界也是靜止的。所以，正確來說應該是牠們單純在舞動「軀幹」才對。

另外，我們還不知道牠們舞動身體的原因。為什麼不是頭也不是尾，而是軀幹呢？我也不是很清楚孤田鷸的生態，以行為學來說，其實也想像不出來，但從運動學角度，我倒是有些想法。那就是其他鷸類也被觀察到會擺動軀幹。如前面所提到的磯鷸，牠不是搖尾巴而是搖屁股，更正確地說，是傾斜體幹並上下搖動屁股。而將這動作稍微變化一下，或許就會產生出「透過腳的屈伸來讓整個身體上下擺動的動作」也說不定。孤田鷸不會突然舞動起身體，在那之前還有搖屁股的演化過程的話，可能就可以稍微理解擺動軀體的理由了。

但話又說來，為什麼不是尾巴而要搖動屁股呢？為什麼不是搖動屁股而是身體呢？輕輕搖動尾巴明明應該更輕鬆的，為什麼不這麼做呢？一定有理由才對，但現在我們還不知道這個問題的答案。關於鳥類的動作，至今還留下很多謎團。

結語　區區的擺頭也不可小看

——觀察常見動物的建議

至此，我們以鴿子的擺頭爲中心，從各種角度討論了鳥類的步行或身體的運動方式。輕鬆拿起本書的各位，應該也沒想到會有這麼多跟擺頭有關的話題吧！我自己用著半起鬨的心態開始想研究擺頭時，也沒想到會這樣一個勁栽進擺頭的世界中。

但是，不只是擺頭，關於所有動物的行爲，如果不從側面思考各種可能性的話，眞的無法理解。當人想了解擺頭之謎時，要是覺得「不過就是擺頭」，然後停止思考下去的話，研究就在這裡結束了。但是只要稍微認眞思考看看這些小問題，就會發現從未想過的事。不需要透過特別的道具，也不需要去很遠的地方，只要稍微留心注意並觀察身邊的動物就好。

如果有人想體驗看看這種快樂，那就從身邊的鳥的走路方式開始觀察看看吧！像大家都很在意的鴿子擺頭，也還有很多未解決的課題。麻雀的彈跳也充滿謎團，這些內容在本書也已經介紹過了。鴿子眞的不會不擺頭走路嗎？澈底觀察這件事也很有趣。然後，如果有人發現不擺頭的鴿子的話，請務必詳細觀察那個時候鴿子的行爲跟環境等。如果能用影片記錄下來就更棒了。

從世間普遍的價值觀來看，鴿子的擺頭等問題，只是許多細微疑問中的一個而已。但是自己有興趣的事物，那就有確實追求的價值。實際上，我託了「區區的擺頭研究」之福，獲得很多快樂的回憶。我自己當然很開心，也收到了一些媒體的採訪。有這麼多人想知道「區區的擺頭」背後的原因，讓我深切有了實感。對一般人開講座時，也一定會有人聽得津津有味，聽到感想說：「解開一直很想知道的謎團了！」那個時候就不禁很高興我的研究能讓大家感到開心。即使是區區的擺頭，但只要大家在乎，就有調查的價值。

那麼，大家也差不多想試著自己觀察看看鴿子的擺頭了吧？要是有這念頭，就馬上去公園看看吧！要找鴿子並不困難。首先，先用自己的眼睛，親眼確認本書寫的內容是否爲眞。當然，觀察其他的鳥也都ＯＫ。除了鴿子以外，還有很多會擺頭的鳥類，而如果發現不擺頭的鳥，那一定也有一些謎團存在才對。

甚至不是觀察鳥也沒關係，用自己的眼睛去看，用自己的頭腦去思考，這就是科學的第一步。像這麼簡單的事情，要是花一點心思去做，一定會打開一個至今未曾注意過的豐富世界吧！

Frost BJ（1978）The optokinetic basis of head-bobbing in the pigeon, J Exp Biol 74: 187–195

Fujita M（2002）Head bobbing and the movement of the center of gravity in walking pigeons（*Columba livia*）, J Zool Lond 23: 373–379

Fujita M（2003）Head bobbing and the body movement of little egrets（*Egretta garzetta*）during walking, J Comp Physiol A 189: 59–63

Fujita M（2004）Kinematic parameters of the walking of herons, ground-feeders, and waterfowl, Comp Biochem Physiol A 139: 117–124

Fujita M（2006）Head-bobbing and non-bobbing walking of black-headed gulls（*Larus ridibundus*）, J Comp Physiol A 192: 481–488

Fujita M, Kawakami K（2003）Head bobbing patterns, while walking, of black-winged stilts *Himantopus himantopus* and various herons, Ornithol Sci 2: 59–63

Green PR, Davies MNO, Thorpe PH（1998）Head-bobbing and orientation during landing flights of pigeons, J Comp Physiol A 174: 249–256

Troje NF, Frost BJ（2000）Head-bobbing in pigeons: how stable is the hold phase? J Exp Biol 203: 935–940

Wallman J, Letelier JC（1993）Eye movements, head movements, and gaze stabilization in birds, in: Zeigler HP, Bischof HJ（eds.）Vision, brain, and behavior in birds, MIT, Cambridge, pp. 245–263

5章

Casperson LW（1999）Head Movement and Vision in Underwater-Feeding Birds of Stream, Lake, and Seashore, Bird Behav 13: 31–46

藤田祐樹（2009）アオアシシギとアマサギに見られる採食中の歩行動作，沖縄県立博物館・美術館博物館紀要第 2 号 : 1—4

福田精（1943）運動姿勢の研究，耳鼻咽喉科臨床 38: 1—21

Gunji M, Fujita M, Higuchi H（2013）Head-bobbing and non-bobbing diving of little grebes, J Comp Physiol A 199: 703—709

樋口陽子（2004）セキレイが尾を振るのはなぜ？　社団法人日本林業技術協会編『森の野鳥を楽しむ 101 のヒント』東京書籍，pp. 54—55

Randler C（2006）Is tail wagging in white wagtails, *Motacilla alba*, an honest signal of vigilance? Anim Behav 71: 1089–1093

參考文獻

1章、2章

Alexander RMcN（1992）The human machine, Natural History Museum Publication, London.

Gatesy SM（1999）Guineafowl hind limb function I: cineradiographic analysis and speed effects, J Morphol 240: 115–125.

Gatesy SM, Biewener AA（1991）Bipedal locomotion: effects of speed, size and limb posture in birds and humans, J Zool Lond 224: 127–147.

Griffin TM, Kram R（2000）Penguin waddling is not wasteful, Nature 408: 929

Hayes G, Alexander RMcN（1983）The hopping gaits of crows（Corvidae）and other bipeds, J Zool Lond 200: 205–213.

Minetti AE（1998）The biomechanics of skipping gaits: a third locomotion paradigm? Proc R Soc B 265（1402）: 1227–1233.

Novacheck TF（1998）The biomechanics of running, Gait & Posture 7: 77–95.

Rubenson J, Heliam DB, Lloyd DG, Fournier PA（2004）Gait selection in the ostrich: mechanical and metabolic characteristics of walking and running with and without an aerial phase, Proc R Soc B 271: 1091–1099.

Schaller NU, D'Août K, Villa R, Herkner B, Aerts P（2011）Toe function and dynamic pressure distribution in ostrich locomotion, J Exp Biol 214: 1123–1130.

3章、4章

Abourachid A, Renous S（2000）Bipedal locomotion in ratites（Paleognatiform）: examples of cursorial birds, Ibis 142: 538–549

Alexander RMcN, Jayes AS（1983）A dynamic similarity hypothesis for the gaits of quadrupedal mammals, J Zool Lond 201: 135–152

Dagg AI（1977）The walk of the Silver gull（*Larus novaehollandiae*）and of other birds, J Zool Lond 182: 529–540

Davies MNO, Green PR（1988）Head-bobbing during walking, running and flying: relative motion perception in the pigeon, J Exp Biol 138: 71–91

Dunlap K, Mowrer OH（1930）Head movements and eye functions of birds, J Comp Psychol 11: 99–113

Friedman MB（1975）Visual control of head movements during avian locomotion, Nature 225: 67–69

國家圖書館出版品預行編目資料

鴿子爲什麼要邊走邊搖頭？/藤田祐樹著；張資敏譯. -- 初版.
-- 臺中市：晨星出版有限公司，2023.08
面；公分 . 一（知的！；210）
譯自：ハトはなぜ首を振って歩くのか
ISBN 978-626-320-488-1（平裝）
1.CST: 鳥類 2.CST: 動物行爲

388.8　　112008430

知的！210

鴿子為什麼要邊走邊搖頭？

ハトはなぜ首を振って歩くのか

作者　藤田祐樹
譯者　張資敏
編輯　陳詠俞
封面設計　水青子
美術設計　曾麗香

創辦人　陳銘民
發行所　晨星出版有限公司
407台中市西屯區工業30路1號1樓
TEL：（04）23595820　FAX：（04）23550581
http://star.morningstar.com.tw
行政院新聞局局版台業字第2500號
法律顧問　陳思成律師
初版　西元2023年8月15日　初版1刷

讀者服務專線　TEL：（02）23672044 /（04）23595819#212
讀者傳真專線　FAX：（02）23635741 /（04）23595493
讀者專用信箱　service @morningstar.com.tw
網路書店　http://www.morningstar.com.tw
郵政劃撥　15060393（知己圖書股份有限公司）

印刷　上好印刷股份有限公司

定價350元

ISBN 978-626-320-488-1